土木安全工程概论

主　编　王　薇
副主编　余　俊　邱业建
参　编　张庆彬　安永林
主　审　彭立敏

中南大学出版社
www.csupress.com.cn

图书在版编目(CIP)数据

土木安全工程概论/王薇主编. —长沙:中南大学出版社,2015.5
ISBN 978 - 7 - 5487 - 1246 - 6

Ⅰ.土... Ⅱ.王... Ⅲ.土木工程－工程施工－安全技术
Ⅳ.TU714

中国版本图书馆 CIP 数据核字(2014)第 286071 号

土木安全工程概论

主编 王 薇

□责任编辑	刘颖维	
□责任印制	易红卫	
□出版发行	中南大学出版社	
	社址:长沙市麓山南路	邮编:410083
	发行科电话:0731-88876770	传真:0731-88710482
□印　　装	长沙理工大学印刷厂	

□开　　本	787×1092　1/16　□印张 11.25　□字数 285 千字　□插页	
□版　　次	2015 年 5 月第 1 版　□2015 年 5 月第 1 次印刷	
□书　　号	ISBN 978 - 7 - 5487 - 1246 - 6	
□定　　价	32.00 元	

普通高校土木工程专业系列精品规划教材

编审委员会

总　序

　　土木工程是促进我国国民经济发展的重要支柱产业。近30年来，我国公路、铁路、城市轨道交通等基础设施以及城市建筑进入了高速发展阶段，以高速、重载和超高层为特征的建设工程的安全性、经济性和耐久性等高标准要求向传统的土木工程设计、施工技术提出了严峻挑战。面对新挑战，国内外土木工程行业的设计、施工、养护技术人员和科研工作者在工程实践和科学研究工作中，不断提出创新理念，积极开展基础理论和技术创新，研发了大量的新技术、新材料和新设备，形成了成套设计、施工和养护的新规范和技术手册，并在工程实践中大范围应用。

　　土木工程行业日新月异的发展，对现代土木工程专业技术人才培养提出了迫切要求。教材建设和教学内容是人才培养的重要环节。为面向普通高校本科生全面、系统和深入阐述公路、铁路、城市轨道交通以及建筑结构等土木工程领域的基础理论和工程技术成果，由中南大学出版社、中南大学土木工程学院组织国内土木工程领域一批专家、学者组成"普通高校土木工程专业系列精品规划教材"编审委员会，共同编写这套系列教材。通过多次研讨，确定了这套土木工程专业系列教材的编写原则：

　　1. 系统性

　　本系列教材以《土木工程指导性专业规范》为指导，教材内容满足城乡建筑、公路、铁路以及城市轨道交通等领域的建筑工程、桥梁工程、道路工程、铁道工程、隧道与地下工程和土木工程管理等方向的需求。

　　2. 先进性

　　本系列教材与21世纪土木工程专业人才培养模式的研究成果密切结合，既突出土木工程专业理论知识的传承，又尽可能全面反映土木工程领域的新理论、新技术和新方法，注重各门内容的充实与更新。

　　3. 实用性

　　本系列教材针对90后学生的知识与素质特点，以应用性人才培养为目标，注重理论知识与案例分析相结合，传统教学方式与基于现代信息技术的教学手段相结合，重点培养学生的工程实践能力，提高学生的创新素质。这套教材不仅是面向普通高校土木工程专业本科生的课程教材，还可作为其他层次学历教育和短期培训的教材和广大土木工程技术人员的专业参考书。

4. 严谨性

本系列教材的编写出版要求严格按国家相关规范和标准执行，认真把好编写人员遴选关、教材大纲评审关、教材内容主审关和教材编辑出版关，尽最大努力提高教材编写质量，力求出精品教材。

根据本套系列教材的编写原则，我们邀请了一批长期从事土木工程专业教学的一线教师负责本系列教材的编写工作。但是，由于我们的水平和经验所限，这套教材的编写肯定有不尽人意的地方，敬请读者朋友们不吝赐教。编委会将根据读者意见、土木工程发展趋势和教学手段的提升，对教材进行认真修订，以期保持这套教材的时代性和实用性。

最后，衷心感谢全套教材的参编同仁，由于他们的辛勤劳动，编撰工作才能顺利完成。真诚感谢中南大学校领导、中南大学出版社领导和编辑们，由于他们的大力支持和辛勤工作，本套教材才能够如期与读者见面。

2014 年 7 月

前　言

随着国民经济的快速发展和城市化进程的不断推进，我国土木工程事业正处于大发展、大建设的阶段，在土木工程迅速发展的背后，其安全生产形势依然严峻。根据国家安监总局统计数据分析显示，土木工程行业依旧是事故频发、工伤较多的高危行业，重大、特大事故时有发生。究其原因，不仅仅是我国土木工程安全保障体系建设落后，安全设施及设备不完善，安全监管的法律、法规建设滞后等突出问题，更重要的是专业安全人员数量不足，相关管理人员缺乏安全管理知识，工程技术人员缺少必要的安全技术理论，工人没有安全意识。安全事故已经不仅仅是技术层面的问题，更反映了工程技术人员安全意识薄弱，安全知识缺乏的状况。所以，有必要在高等教育阶段，加强土木工程专业学生安全知识的学习，培养具备较强安全意识及安全知识的土木从业人员，从而提高我国土木建筑行业的安全生产水平，扭转事故高发状况。

本书力求内容充实、覆盖面广、层次分明，全面系统地介绍土木工程建设及运营期的相关安全知识，并且在结构上体现理论与实践的有机融合。全书分为 8 章，首先介绍安全基础知识，然后从工程全寿命周期角度介绍了不同阶段的土木安全问题及其典型案例，最后强调要培养全员参与的土木安全意识。

本书由王薇主编，王薇编写第 1 章、第 2 章、第 3 章、第 4 章、第 5 章、第 8 章；余俊参与编写第 6 章、第 7 章；邱业建参与编写第 4 章、第 5 章；张庆杉、安永林参与了本书部分章节的编写工作。全书由王薇负责定稿，由彭立敏负责审稿。本书的写作得到了鄢本存、李达、赵东、邓俊、李师、曹锟硕士的帮助，在此深表谢意。

本书在编写过程中引用了大量的参考书籍，包括著作、论文、标准规范及新闻图片等，在此向各位作者表示衷心的感谢；如参考文献有遗漏或引用不当之处，恳请作者批评指正。

本书主要作为普通高等学校土木工程专业的教科书，也可作为从事土木工程设计、施工和科学研究的专业技术人员、大专院校师生、短训班学员的参考书。

限于编者水平，书中差错或不当之处在所难免，敬请读者批评指正。

编　者

2015 年 3 月

前　言

目 录

第 **1** 章
绪　论

改革开放以来，随着我国经济发展步伐的加快，基本建设得到蓬勃发展。高速公路、铁路大量修建并形成网络，极大地改善了我国的交通环境；建筑工程、市政工程的快速发展，使得城市化进程得以快速推进；水利工程项目的建设，不仅对防洪灌溉起到了积极作用，也取得了较好的经济效益。因此，经济的发展给土木工程带来了机遇，土木工程也为经济的进一步腾飞提供了强劲的动力。

在我国基本建设快速发展的同时，因工程项目的设计、施工或维护过程中的失误、管理不善导致的安全事故频发，不仅造成较大的经济损失，更给人们的生命、财产安全带来严重威胁。随着我国基本建设的不断发展，工程项目规模越来越大，土木工程领域的安全问题已经成为社会公共安全的重要组成部分。所以，有必要结合安全科学的技术和理论，通过理论研究、实际控制等手段，达到减少安全事故发生，保障工程项目顺利实施和人们的生命、财产安全的目的。

1.1　土木工程及其安全生产现状

1.1.1　土木工程的内涵及基本属性

1. 土木工程的内涵

中国国务院学位委员会在《学科简史》中把土木工程(civil engineering)定义为：土木工程是建造各类工程设施的科学技术的总称，它既指工程建设的对象，即建在地上、地下、水中的各种工程设施，也指所应用的材料、设备和所进行的勘测设计、施工、保养、维修等技术活动。

土木工程与人们生活的衣、食、住、行息息相关，其中"住"与土木工程直接有关；"行"则需要建造铁路、公路、机场、码头等交通土建工程，与土木工程的关系也非常紧密；"食"则需要打井取水、筑渠灌溉、建水库蓄水、建粮食加工厂、粮食储库等；"衣"的纺纱、织布、制衣，也必须在工厂内进行，这些也离不开土木工程。此外，各种工业生产必须要建工业厂房，即使是航天事业也需要建发射塔和航天基地。土木工程内容广泛，所以土木工程建设在我国又被称作基本建设，渗透到了工业(厂房、矿山)、农业(水利工程)、交通运输业(路、桥、隧)、国防(地下防空、发射塔井)及人们生活(民用建筑、市政设施)的各个方面。

土木工程主要由四部分组成：一是包括铁路、公路、码头、机场等在内的交通设施工程；二是包括电站、厂房等在内的工业设施工程；三是包括堤坝、给排水设施等在内的水利市政设施工程；四是包括剧院、体育馆、图书馆、教学楼、办公楼、旅馆、住宅等在内的公用和民用建筑工程。

2. 土木工程的基本属性

总体上讲，土木工程具有综合性、社会性、实践性三个基本属性。

(1)综合性

综合性是指土木工程是一门综合性学科。土木工程结构的实现一般都要经过勘察、设计和施工三个阶段，涉及工程地质勘察、工程测量、土力学、工程力学、工程设计、建筑材料、建筑设备、工程机械、建筑经济等学科和其施工技术、施工组织等领域的相关知识；并且，随着科学技术的进步和工程实践的发展，土木工程学科已经发展成为内涵广泛、门类众多、结构复杂的综合体系。

(2)社会性

社会性体现了土木工程的发展与社会进步的密切关系。土木工程是伴随着人类社会的进步而发展起来的，它所建造的工程设施反映出各个历史时期的社会、经济、文化、科学、技术的发展面貌。所以土木工程也就成为了社会历史发展的见证之一。

远古时代，人们修筑简陋的房舍、道路、桥梁以满足简单的生活和生产需要。随着社会的进步，人们兴建了城池、运河、宫殿、寺庙及其他各种建筑物。到近现代社会，建筑材料的工业化生产和机械、能源技术及设计理论的进步，为土木工程发展奠定了基础，高速公路和铁路、桥梁、隧道、港口等设施大量建设。现代土木工程不断地为人类社会创造崭新的物质环境，成为人类社会现代文明的重要组成部分。

(3)实践性

实践是土木工程结构实现的基本形式，没有实践就没有土木工程。在早期，土木工程的发展主要是结合实践总结经验教训；从17世纪开始，近代力学同土木工程实践结合起来，逐渐形成以材料力学、结构力学、流体力学、岩石力学为基础理论的土木工程学科。

土木工程的实践性由两个因素决定：①土木工程实际情况过于复杂，仅通过室内试验、现场测试及理论分析难以如实地反映实际情况；②理论与实践是推动土木工程学科发展的两种相互作用的力量，土木工程理论来源于对工程实践的总结，将实践上升为理论，进一步指导实践，进而促进土木工程的发展。虽然现代技术条件下，土木工程更多地表现为几种知识的凝结，而不是单纯的劳动或实践活动的凝结，但这丝毫不能动摇实践对理论的推动作用。

1.1.2 土木工程的发展

土木工程的发展大体上经历了古代、近代和现代三个阶段。

1. 古代时期的土木工程

土木工程的古代时期是指从旧石器时代到17世纪中叶。在此期间修建的设施没有理论指导，主要依靠经验，材料取自自然，如石块、草筋、土坯等，并且采用的工具也比较简单，主要有斧、锤、刀、铲和石夯等。尽管如此，古代还是留下了许多有历史价值的建筑，有些工程即使从现代角度来看也是非常伟大的。

西方的古建筑大多是砖石结构，如埃及的金字塔、希腊的帕特侬神庙、古罗马斗兽场等。中国古代建筑大多为木结构加砖墙建成，如北京故宫、天坛、天津蓟县独乐寺观音阁等优秀建筑。中国古代的砖石结构也有伟大成就，最著名的当属万里长城；水利方面，由战国时期秦国蜀郡太守李冰及其子主持修建的都江堰，至今仍造福四川人民。

2. 近代时期的土木工程

土木工程的近代时期是指从 17 世纪中叶到第二次世界大战前后，历时 300 余年。在此期间，新理论、新材料、新技术、新方法不断应用于实际工程，促进了土木工程的较大进步，也留下很多有代表性的建筑。

在理论方面，1638 年，伽利略发表《关于两门新科学的对话》，首次用公式表达了梁的设计理论；1687 年，牛顿总结出力学三大定律，为土木工程奠定了力学分析基础；随后，在材料力学、弹性力学和材料强度理论的基础上，法国的维纳于 1825 年建立了土木工程中结构设计的容许应力法。从此，土木工程结构设计有了比较系统的理论指导，并逐步成为一门独立学科。

在材料方面，1824 年波特兰水泥的发明、1859 年转炉炼钢法的成功以及 1867 年钢筋混凝土的应用使得土木工程师可以运用这些材料建造更为复杂的工程设施。在近代及现代建筑中，凡是高耸、大跨、巨型、复杂的工程结构，绝大多数应用钢结构或钢筋混凝土结构。

同时，这一时期发生的产业革命促进了工业、交通运输业的发展，为土木工程的建造提供了新的施工机械和施工方法。打桩机、压路机、挖土机、掘进机、起重机、吊装机等纷纷出现，为快速高效地建造土木工程建筑提供了有力的工具。

这一时期具有历史意义的工程结构较多：如法国于 1889 年建成的埃菲尔铁塔；英国分别于 1825 年、1863 年建成的世界上第一条铁路和地铁，于 1869 年开凿成功的苏伊士运河；美国旧金山于 1936 年建成的金门大桥，美国纽约于 1931 年建成的帝国大厦；我国于 1909 年建成的京张铁路等，对土木工程的进步产生了深远的影响。

3. 现代时期的土木工程

第二次世界大战之后，许多国家经济起飞，现代科学技术迅速发展，为土木工程的进一步发展提供了强大的物质基础和技术手段，开启了以现代科学技术为后盾的土木工程新时代。

一方面，建筑钢材和混凝土强度成倍提高，可靠性、耐久性得到很大改善，并且轻质、高强合成材料不断出现，使得很多过去难以实现的结构成为可能；另一方面，借助于有限元软件和计算机的数值分析可以轻易求解以前难以完成的超静定结构以及动力学问题，使设计工作大大简化。

这一时期建成的土木工程新结构具有功能要求多样化、城市建设立体化、交通工程快速化、工程设施大型化等特点。在此期间，不论是在公路、铁路、桥梁、隧道、高层建筑、高耸结构、大跨建筑还是水利工程方面，都得到了长足的发展，世界各国取得的成就不胜枚举。

（1）交通方面

高速公路飞速发展，据不完全统计，全世界 50 多个国家和地区的高速公路总长达到 1.7×10^5 km；同时，时速在 $150 \sim 200$ km/h 以上的高速铁路先后在日本、法国和德国建成，我国上海建成了世界上首条磁悬浮高速铁路，运行速度可达到 430 km/h。

（2）建筑方面

美国芝加哥于 1994 年建成 110 层、高 443 m 的西尔斯大厦。目前（截至 2014 年）我国内地最高的建筑为 125 层、高 580 m 的上海中心（设计总高度 632 m）。国内其他有代表性的高层建筑有：325 m 的深圳地王大厦，329.1 m 的广州中天广场，200 m 的广东国际会议中心。

（3）水利工程方面

混凝土的应用使坝体断面减小、工程量减少。当今世界上最高的双曲拱坝是葛洲坝集团承建、2013 年 12 月 23 日主体完工的锦屏一级水电站，坝高为 305 m。我国贵州乌江渡坝为拱形重力坝，坝高为 165 m。在装机发电容量方面，我国的三峡水利枢纽，水电站主坝高190 m，总装机容量为 2.25×10^7 kW，列居世界第一。

（4）桥梁方面

目前世界上跨度最大的悬索桥是 1998 年建成的日本明石海峡大桥，主跨 1991 m；居世界第二的是中国的西堠门大桥，跨度 1650 m；第三的为丹麦的大贝尔特东桥，跨度1624 m。我国的桥梁技术已经得到了快速发展，1999 年建成的江阴长江大桥，主跨 1385 m，1997 年建成的香港青马大桥，主跨 1377 m，分别居世界第八位和第九位。

纵观土木工程历史，我国近 20 年取得了举世瞩目的成就。现在，不论是高层建筑、大跨度桥梁，还是在宏伟机场、港口码头，我国均有建树，土木工程的发展从一个侧面反映出了我国经济的飞速发展。

1.1.3 我国当代土木工程的特点

我国的土木工程建设自改革开放以来得到快速发展，特别是 21 世纪初期随着我国经济建设的腾飞得以稳步推进，房屋建筑、市政工程、交通工程及水利工程等取得了令人瞩目的成就，一批具有代表性的高层建筑、大跨桥梁、隧道、港口先后涌现。

土木工程的任务是设计和建造各种建筑物或构筑物，它们被称为建筑产品，具有一般工业产品的特点；同时由于我国正处于基础设施建设期，所以土木工程还具有高投入、规模大、建设周期长、难点多、难度大、涉及范围广、关系国计民生等特点。

1. 投入高、规模大、建设周期长

进入 21 世纪后，我国土木工程基本建设固定资产投资逐年增长，投资额空前巨大，我国21 世纪初期部分固定资产投资及规划的统计资料见表 1-1。

表 1-1 21 世纪初期我国部分固定资产投资及规划统计资料

项目	时间	投资	简要概述	备注	资料来源
2002 年全国固定资产投资	2002 年	43202 亿元，占 GDP 43%	基本建设投资 17251 亿元，更新改造投资 6584 亿元，房地产开发 7736 亿元	2002 年GDP 10 万亿元	新华社稿（2002）
2003 年社会固定资产投资	2003 年	60000 亿元，占 GDP 55%	主要用于基础设施方面的基本建设	2003 年GDP 11 万亿元	人民日报（2004）
2004 年社会固定资产投资	2004 年	70000 亿元，占 GDP 51%	主要用于基础设施方面的基本建设	2004 年GDP 13 万亿元	新华社稿（2004）
2006 社会固定资产投资	2006 年	110000 亿元，占 GDP 52%	主要用于基础设施方面的基本建设	2006 年GDP 21 万亿元	人民日报（2007）
国家高速公路网规划（简称"7918"）	2003—2030 年	45000 亿元	7 条首都放射线，9 条纵向线，18 条东西横向线（简称 7918）总长度 8.5×10^4 km	已建 2.9×10^4 km，在建 1.6×10^4 km，待建 4×10^4 km	交通部（2005）

从表1-1可以看出我国基本建设的投资额巨大,特别是某些大型工程,每项都在几十亿元到几百亿元甚至上千亿元。如南北大动脉京九铁路总投资约达400亿元,西气东输工程总投资1500亿元,南水北调工程三条线路总投资约5000亿元。

土木工程项目建设实质是一个固定资产投资过程,需要经过前期策划、设计以及施工等一系列过程;同时,对于一些大型项目,受项目功能要求、环境条件、设计理论以及施工技术条件等方面的限制,项目建设的每一个过程均需要耗费大量的时间。所以,包括勘察、设计、施工在内,单个工程所需时间短则一年左右,长则几年,大型工程项目甚至要几十年才能完工。

2. 难点多、难度高

土木工程结构的建设基本都要在自然环境中进行,建设过程无一例外地受气候、水文、工程地质等环境因素的影响,加之结构本身的复杂性、不可复制性,所以土木工程项目特别是重大工程,几乎毫无例外地存在诸多工程方面的难点。

以南水北调工程东、西两条输水线路为例,东线(图1-1)自扬州至天津,全长1156 km,经过13级提水总扬程65 m,然后穿越黄河自流至天津。西线(图1-2)自长江上游的西藏雅砻江东至青海的贾曲进入黄河,全长304 km,基本上都是在我国西南地区崇山峻岭之间靠开挖隧洞来实现的,隧洞总长达288 km,占西线全长的95%,为了保证足够的水量和落差,沿途还要修建多个高坝水库,有的坝高超过300 m,在世界建坝史上也是少见的,而且在高原、高寒、强震带的环境下修建这种高坝更属罕见。

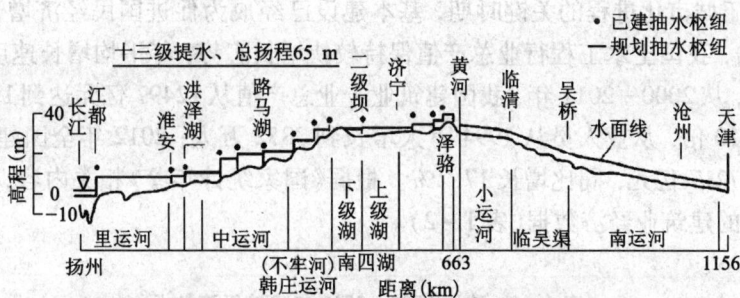

图1-1 南水北调东线工程输水干线纵断面示意图

3. 涉及面广、关系国计民生

土木工程大多属于基本建设项目,综合性强、涉及面广、关系国计民生。

工程参与主体众多,根据我国现行法律和规章制度,建设项目不仅包括建设单位、勘察设计单位、施工单位、监理单位以及材料设备供应方等市场主体,还涉及政府相关监管部门及咨询服务等第三方机构;不同规模的项目,参与人员的数量从几十人到上百人不等,某些大型项目的参与人员可能达到上千人。

同时,当今的工程项目不仅仅需要传统意义上的土木工程作业,同时也需要机械、自动控制、通信等其他行业的共同参与,土木工程涉及的领域越来越多、范围越来越广。在土木工程行业自身发展的同时,也很好地促进了冶金、机械、材料以及能源等行业的进步,建设工程项目已经成为开发和吸纳劳动力资源的重要平台。

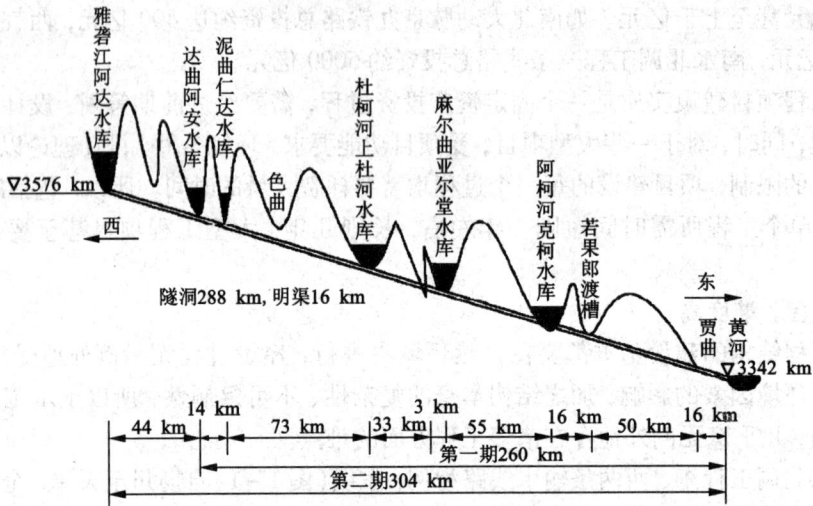

图1-2   南水北调西线工程输水干线纵断面示意图

1.1.4   我国土木工程的安全生产现状

1. 我国近年建筑经济数据

我国正处于城市化进程的关键时期,基本建设已经成为促进国民经济增长的重要行业。从2000年开始,我国土木工程行业总产值保持较快增长态势,年平均增长速度达20%以上。以建筑业为例,从2000—2011年,我国建筑业企业总产值从12497亿元达到117059亿元,总产值将近翻了10倍,从业人员从1994万人增长到3852万人;2012年全国建筑业企业总产值更是达到137217亿元,同比增长17.2%。根据《国家统计年鉴》相关内容,可以得到我国2000—2011年的建筑业经济数据(表1-2)。

表1-2   我国2000—2011年建筑经济数据

年份	2000	2001	2002	2003	2004	2005
建筑业总产值(亿元)	12497	15361	18527	23083	29021	34552
从业人数(万人)	1994	2110	2245	2414	2557	2699
年份	2006	2007	2008	2009	2010	2011
建筑业总产值(亿元)	41557	51043	62036	76807	96031	117059
从业人数(万人)	2878	3133	3314	3672	4160	3852

根据表1-2绘出建筑业总产值和从业人数随时间的增长规律图,如图1-3所示。

由图1-3可知,从2000—2011年,随着我国经济的腾飞,建筑业总产值呈指数型增长,建筑从业人数从2000—2011年也呈现出线性增长趋势,特别是2008年随着国家"四万亿"基础建设投资的实施,建筑业从业人数迅速增长。2010年从业人数稍有减少。

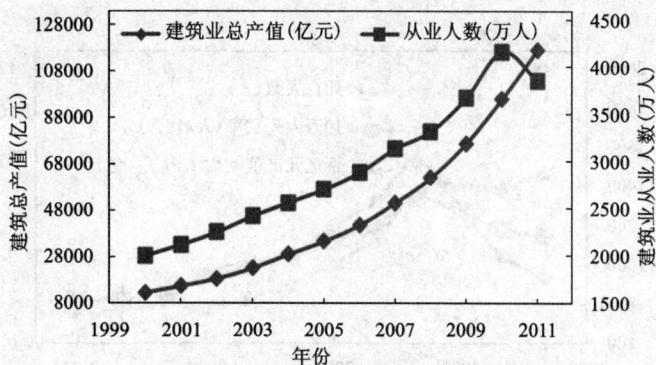

图1-3 2000—2011年建筑总产值及从业人数随时间变化图

2. 我国建筑业伤亡事故现状统计分析

根据《国家统计年鉴》以及建设部《全国建筑施工安全生产形势分析报告》相关内容,得到我国2000—2011年的建筑安全数据,见表1-3。由表1-3的数据可以绘制出2000—2011年我国建筑业从业人数死亡率、10万人死亡率与百亿元产值死亡率随时间的变化规律图(图1-4)。

表1-3 我国2000—2011年建筑安全数据

年份	死亡人数(人)	10万人死亡率(人/10万)	百亿元产值死亡率(人/百亿元)
2000	934	4.68	7.47
2001	1045	4.95	6.80
2002	1292	5.75	6.97
2003	1524	6.31	6.60
2004	1324	5.18	4.56
2005	1193	4.42	3.45
2006	1048	3.64	2.52
2007	1012	3.28	1.98
2008	954	2.88	1.53
2009	802	2.18	1.04
2010	772	1.86	0.80
2011	738	1.91	0.63

由图1-4可知,从2000—2003年,我国建筑业死亡人数大幅增长并在2003年达到峰值1524人,随后逐年降低到2011年的738人;建筑业10万人死亡率也在2003年达到最大值6.31人,之后也逐年降低;建筑业百亿元产值死亡率自2000年呈现出平稳下降的趋势,由

2000 年的 7.47 人降低到 2011 年的 0.63 人。

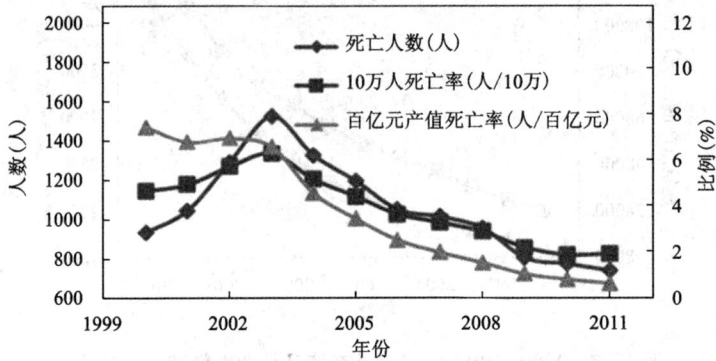

图1-4　我国2000—2011年建筑死亡率变化图

　　根据《全国建筑施工安全生产形势分析报告》关于建筑业安全事故及伤亡统计数据（表1-4）分析，我国房屋市政工程安全事故数量及死亡人数从2000—2012年呈现出总体下降趋势；其中，2000—2003年，伤亡人数由934人上升到1524人，随后逐渐下降到2012年的624人。房屋市政工程重大安全事故（死亡人数大于等于3人）及死亡人数总体上呈现出缓慢下降趋势。

表1-4　我国2000—2012年房屋市政工程事故数据统计表

年份	全国房屋市政工程安全事故		房屋市政重大安全事故	
	数量（起）	死亡人数（人）	数量（起）	死亡人数（人）
2000	846	934	—	—
2001	1004	1045	—	—
2002	1208	1292	—	—
2003	1238	1524	—	—
2004	1086	1264	42	175
2005	1015	1193	43	170
2006	888	1048	39	146
2007	859	1012	35	144
2008	779	954	41	184
2009	684	802	21	91
2010	627	772	29	125
2011	589	738	25	110
2012	487	624	29	121

不难看出，当前我国土木建设工程行业在快速发展并发挥产业作用的同时，其劳动密集型的生产特点形成的生产环境的安全隐患也使其成为高危行业。尽管安全事故数量及伤亡人数总体上呈现出下降趋势，但伤亡数量仍高居不下，重大安全事故时有发生，土木安全工程生产形势严峻。

3. 典型工程安全事故案例

土木工程的建设涉及众多参建单位，建设过程中导致安全事故发生的风险源较多，下面以凤凰 8·13 塌桥事故为例，初步分析土木安全工程事故的特点。

（1）工程概况

堤溪沱江大桥是凤凰县至大兴机场二级路的公路桥梁，桥身设计长 328 m，跨度为 4 孔，每孔 65 m，孔高 42 m。按照交通部的标准，此桥属于大型桥。堤溪沱江大桥上部构造主拱券为等截面悬链空腹式无铰拱，腹拱采用等截面圆弧拱。基础则奠基在弱风化泥灰或白云岩上，混凝土、石块构筑成基础，全桥未设制动墩。

（2）事故经过

2007 年 8 月 13 日下午 4 时 40 分左右，湖南省湘西土家族苗族自治州凤凰县正在建设的堤溪沱江大桥发生坍塌事故，桥梁将凤凰至山江公路塞断，当时现场正在施工，造成 64 人死亡，22 人受伤，直接经济损失 3974.7 万元。

（3）事故原因

湖南凤凰县堤溪沱江大桥在竣工前出现了整体倒塌，这是新中国成立以来建桥史上的第一次，因而受到了广泛关注，在社会上引起了强烈反响。不少权威专家对凤凰桥倒塌事故原因进行了分析，认为堤溪沱江大桥突然坍塌可能存在以下几个原因：

①拱架拆卸过早。为了缩短大桥养护期，堤溪沱江大桥施工工期过紧，施工中变更了主拱券砌筑的程序，拱架拆卸过早。据了解，因为湘西自治州要进行 50 年州庆，所以堤溪沱江大桥施工采取了项目倒计时。6 月 20 日主拱券的砌筑完成，第 19 天开始卸架，养护期不够，比规定少了 9 天。按规定，大桥养护期是 28 天。因为养护期减短，大桥拱券承载能力减弱。

②桥下地质构造复杂，桥墩严重裂缝。施工中，就已经发现桥墩的地质构造比较复杂，而且还发现 0 号桥墩下面有严重裂隙。施工中虽然对此处进行了一些处理，但现在看来，没有从根本上解决问题。大桥的垮塌从 0 号桥墩开始，顺一个方向垮塌。

③所用沙石含土量过高。主拱券砌筑质量有问题，砌筑要使用料石，才能够相互咬合。但事故后发现，塌下来的主拱券中含有片石，且砌筑的砂浆混凝土不饱和，未填实，有空隙、空洞；另外，沙石含土量比较高，沙石应该用水洗过的沙，含土会影响混凝土的凝结力。

④工程层层分包，质量管理混乱。管理方面存在问题，施工中施工单位有变更，却没有及时告知监理单位，监理单位对发现的问题也没有及时向上级工程质量监督管理部门反映，而且中层分包单位多，层层分包。

⑤混凝土灌注太少。根据媒体报道，堤溪沱江大桥 1 号拱券在 2007 年 5 月曾下沉 10 cm。如果媒体报道准确，说明桥墩没有打牢，这可能跟灌注的混凝土太少有关，也有可能和当地的地质有关。但不管什么原因，拱券下沉对堤溪沱江大桥造成的影响都是致命的。因为石拱桥的特点是不怕压力最怕变位，石头属刚性，承重能力好，但不能承受弯曲和挠曲。桥墩位移会导致拱券弯曲，对拱券产生附加力，打破石拱桥各个部位之间的受力均衡，从而导致大桥垮塌。

通过对凤凰8·13塌桥事故分析发现,导致土木安全工程事故发生的因素较多。多数情况下,事故的发生都是多因素共同作用造成的,建设单位、设计单位、施工单位及监理单位任何一方的失误或处理不善都可能导致事故的发生。同时,土木工程事故一旦发生,一般都会造成较大的经济损失和严重的人员伤亡。

4. 我国土木安全工程状况分析

从对我国2000—2014年建筑业安全状况及堤溪沱江大桥坍塌安全事故的分析可以看出,虽然当前我国土木安全工程事故的数量和伤亡情况呈现出稳步下降的趋势,安全生产情况逐步好转,但我国土木建设工程安全生产现状依然严峻。根据国家统计局有关资料,仅2006年我国土木工程(包括铁道、水利、交通等专业工程)伤亡事故就达2224起,死亡2538人,给国家和人民群众造成了巨大的损失。

初步分析安全事故发生的原因,从项目本身来讲:随着我国经济的发展和城镇化建设需求的增大,工程建设项目的数量越来越多,项目规模越来越大,导致安全事故发生的概率增加;建设过程中任何一个环节出现问题都可能导致安全事故的发生,并且事故的后果越来越严重,伤亡越来越大。

土木建设工程在我国是仅次于矿山采掘业的风险事故高发产业,安全问题已经成为一个突出问题,是制约我国土木工程进一步健康发展的瓶颈。近年来,随着科学发展观的实施,对安全生产问题提出了进一步要求,土木安全工程生产问题越来越引起企业管理者和相关学者的关注,基于安全工程的风险管理理论在建设工程中得到越来越多的应用。但当前形势下,安全问题仍是威胁国家和人民生命健康财产安全的重要因素。

当前,随着我国城市化进程的进一步深入,以及对配套基础设施需求的增加,必将会有更多的土木建设工程上马。将来的土木工程结构越来越复杂,涉及范围越来越广泛,安全问题必将越来越突出。由于安全生产问题关系到人民群众的生命和国家财产安全,涉及人民群众的切身利益,影响着社会稳定的大局,所以有必要结合安全工程相关理论,对土木建设工程展开深入研究,确保建设工程安全。

1.2　土木安全工程

1.2.1　安全与安全科学技术

1. 安全的概念

安全,直观地讲就是免受伤害。关于安全的概念,可以归纳为绝对安全和相对安全两种。其中,绝对的安全观认为安全是指没有危险、不受威胁、不出事故,即消除能导致人员伤害、发生疾病、死亡或造成设备财产破坏、损失以及危害环境的条件;绝对安全观认为死亡发生、工伤的概率为零,是一种极端理想的状态。与绝对安全观相对的是相对安全观,相对安全观认为安全是相对的。在现实生产系统,绝对安全是不存在的。

根据相对安全的定义,安全是指在生产活动中,能将人和物的损失控制在可接受水平的状态。该定义包含下述含义:

①安全是相对的,绝对安全不存在。

②安全不是瞬间的结果,而是对于某个过程状态的描述。

③构成安全问题的矛盾双方是安全与危险，而非安全与事故。

④本书讨论的安全是指生产领域的安全问题，不涉及军事或社会意义的安全，也不涉及与疾病有关的安全。

2. 安全科学技术

安全科学技术是研究人类生存条件下人 – 机 – 环境系统之间相互作用，保障人类生产和生活安全的科学和技术，或者说是研究技术风险导致的事故与灾害的发生、发展规律以及防止意外事故或灾害发生所需要的科学理论和技术。安全科学的研究对象是人类生产和生活中的不安全因素，研究重点是各种技术危害，如工业事故、交通事故、职业危害等，其体系结构如图 1 – 5 所示。

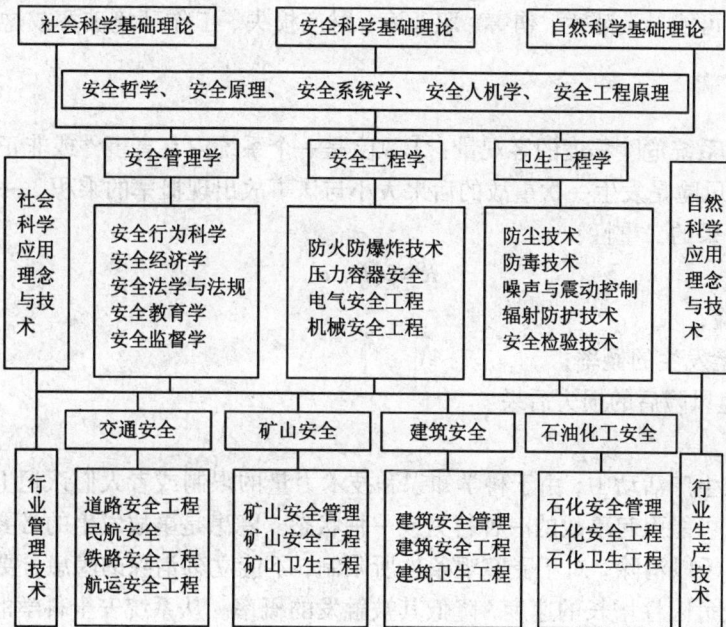

图 1 – 5　安全科学技术体系结构图

安全科学是一门具有系统科学知识体系的交叉学科，既包含社会科学与自然科学的相关内容，也包括工程技术硬科学与安全管理软科学的内容。从科学角度看，安全科学技术包括三个层次，基础科学(安全哲学、安全原理、安全系统学、安全人机学等)、技术科学(安全管理学、安全工程技术、卫生工程技术)和行业应用科学(交通安全工程、矿山安全工程、建筑安全工程、石油安全工程、化工安全工程)。

从应用学科的角度看，安全科学技术包括安全学、安全工程技术、卫生工程技术。其中，安全学是揭示技术风险、意外事故规律和现象的软科学，包括安全哲学、安全原理、安全系统学、安全人机学、安全行为学、安全经济学、安全法学、安全教育学、企业安全管理学等；安全工程技术是防范和控制技术危险的科学，包括防火防爆炸、机械安全、电气安全工程、交通安全工程等；卫生工程技术是防范和控制技术危害的科学，包括防尘技术、防毒技术、通风工程、噪声与振动控制、辐射防护技术等。

3. 相关基本概念

（1）安全性

从系统的安全性能讲，安全性为衡量系统安全程度的客观量，与安全性对立的概念是描述系统危险程度的指标——风险（又称危险性）；假设系统的安全性为 S，危险性为 R，则 $S = 1 - R$。

（2）危险

危险是指在生产活动过程中，人或物遭受损失的可能性超出了可接受范围的一种状态。危险作为安全的对立面，是生产过程中一种连续的过程状态，包含了尚未为人所认识的，以及虽然为人们所认识但尚未为人所控制的各种隐患。

（3）危险源

危险源是指可能导致死亡、伤害、职业病、财产损失、工作环境破坏或这些情况组合的根源或状态。

（4）风险

风险是描述系统危险程度的客观量：①风险是一个系统内有害事件或非正常事件出现可能性的度量；②风险是发生一次事故的后果大小与该事故出现概率的乘积。一般意义上的风险具有概率和后果的二重性：

$$R = f(P, c)$$

式中：R——风险；

P——风险发生的概率；

c——发生风险后的损失后果。

（5）隐患

隐患是指在生产活动中，由于科学知识和技术力量的限制或者人们认识上的局限，而未能有效控制的有可能引起事故的一种行为或一种状态。隐患是事故发生的必要条件，隐患一旦被识别，就要予以消除。对于受客观条件所限制，不能立刻消除的隐患，要采取措施降低其危险性或延缓危险性增长的速度，降低其被触发的概率。从系统安全科学的角度讲，隐患包括一切可能对人－机－环境系统带来损害的不安全因素。

（6）事故

事故是指在生产活动过程中，由于科学知识和技术力量的限制，或由于认识上的局限，人们当前还不能防止或能防止而未有效控制所发生的违背人们意愿的事件序列。事故的发生可能迫使系统中断运行，也可能造成人员伤亡、财产损失或者环境破坏。

（7）安全事故

安全事故是指在人们生产或生活过程中，发生的不期望、无意的，与人的行为有关的，甚至是人为责任的，造成人的生命丧失、生理伤害、健康危害、财产损失或其他损害的意外事件。

（8）安全生产事故

安全生产事故是指生产经营单位在生产经营过程中造成人员伤亡、财产损失，导致生产经营活动暂时终止或永远终止的意外事件。

1.2.2　安全科学的发展与成就

1. 我国安全科学技术的发展阶段

（1）初步建立阶段

新中国成立初期至 20 世纪 70 年代末，我国把劳动保护作为一项基本政策实施，安全技术作为劳动保护的一部分而得到发展。在此期间，为满足我国工业生产发展的需要，国家成立了劳动部劳动保护研究所、卫生部劳动卫生研究所、冶金部安全技术研究所、煤炭部抚顺煤炭科学研究所、重庆煤炭科学研究所等安全技术专业研究机构；发展了防暑降温、工业防尘技术、毒物危害控制技术、噪声控制技术、矿山安全技术、机电安全技术、个体防护用品及安全检测技术等。

（2）迅猛发展阶段

20 世纪 70 年代末至 90 年代初，随着改革开放和现代化建设的发展，安全科学技术得到迅猛发展。具有代表性的事件包括：1983 年，中国劳动保护科学技术学会正式成立，加强了安全科学技术学科体系和专业教育体系建设工作；1984 年，教育部将安全工程本科专业列入《高等学校工科专业目录》；20 世纪 80 年代中期，我国学者提出了建立安全科学学科体系和安全科学技术体系结构及专业设置方案的设想。

在此期间，国家对劳动保护、安全生产的宏观管理开始走上科学化的轨道。1988 年，劳动部组织相关机构完成了《中国 2000 年劳动保护科技发展预测和对策》的研究，这项工作使人们对当时我国安全科技的状况有了比较清晰的认识，看到了我国安全科技水平与先进国家的差距，为进一步制订安全科学技术发展规划提供了依据。

同时，综合性的安全科学技术研究形成了初步基础。系统安全工程、安全人机工程、安全软科学研究等方面进行了开拓性的研究工作；特别是 20 世纪 80 年代初期相关研究机构通过引入、消化、吸收国外安全系统工程，开发出适应我国机械、化工、航空等领域的安全评价方法或标准。同时，现代管理科学的预测、决策科学和行为科学以及系统原理、人本原理、动力原理等理论逐步应用于企业安全管理实践中。在人 - 机 - 环境系统工程思想指导下，开展了安全人机工程学研究。在研究提高设备、设施本质化安全性能，改善作业条件的同时，研究预防事故的工程技术措施和防止人为失误的管理和教育措施。

（3）现代发展阶段

20 世纪 90 年代以来，我国安全科学技术进入了新的发展时期。在此期间，我国安全科学学科体系得以形成，形成了安全管理学、安全人机工程学、安全经济学等应用基础学科；发展了安全工程学并在各个领域得到广泛应用；发展了安全科学技术的研究和分析方法；开展了人的工作能力与机器（设备）和环境之间的关系、人的可靠性、人体疲劳和人为失误等方面的基础研究，提出了多种人的数学模型和人为失误评价与测试方法；开展了火灾、爆炸、毒物泄漏等事故机理研究。

2. 我国安全科学取得的成就

经过几十年的发展和几代科学工作者的努力，我国安全科学取得了突出成就。

①建立了安全科学技术研究机构和安全工程专业教育体系，形成了安全科学研究群体；提出了安全科学学科体系，形成了安全管理学、安全人机工程学、安全经济学等应用基础学科；发展了安全科学技术的研究和分析方法，其中安全工程学在各个领域得到广泛应用。

②开展了人 - 机 - 环境之间的关系、人的可靠性、人体疲劳以及人为失误等方面的基础研究，提出多种人的数学模型和人为失误评价与测试方法。

③针对机械装备及重大土木工程与水利工程安全性展开研究，发展了压力容器、压力管道安全评估与寿命预测技术、提出了建（构）筑物破坏模型、钢筋混凝土高层建筑在施工过程中的安全性分析及控制措施等。

④进行了安全管理和安全评价理论和方法研究，提出了多种企业安全管理模式和安全评价方法，如重大危险源辨识评价方法、机械工厂安全评价方法、固体废弃物风险评价方法、职业安全健康管理体系标准等。

⑤针对工业粉尘危害、毒物危害、辐射危害、噪声危害等工业危害以及机械、电气安全展开研究，研发了一系列相关防护技术与装备。

⑥在安全法规方面，初步形成了安全技术法规、标准体系，国家职业安全健康技术标准已达800余项。

1.2.3　建设工程安全管理

在我国工程建设发展的过程中，劳动保护和工程综合效益日益引起人们的关注，逐渐形成了以施工安全为核心的建设工程安全管理学科体系。

建设工程安全管理是管理科学的一个分支，通过建设行政主管部门、建筑安全监督管理机构、建筑施工企业及相关单位对建设安全生产过程中的安全工作进行计划、组织、指挥、控制、监督、调节和改进等一系列致力于满足安全生产的管理活动，从而达到保护劳动者在生产过程中的安全与健康，以及保证建设工程生产任务的顺利完成的目的。其内容主要包括以下几个方面：

（1）"安全第一、预防为主、综合治理"的安全生产管理基本方针

我国建设工程安全管理的基本方针经历了从"安全生产"到"安全生产、预防为主"，再到"安全生产、预防为主、综合治理"的发展过程，体现了安全工作的对建设工程的重要性，辨明了安全与生产的关系，并强调了预防对于安全生产的重要作用。

（2）建筑安全管理基本理论

建筑安全管理工作的核心是控制事故，而控制事故最好的方式是实施事故预防，即结合管理和技术手段，消除事故隐患，控制不安全行为，保障劳动者的安全。由此形成了基于"政策—组织—计划和实施—绩效量测—绩效总结"一系列流程的建筑安全管理理论。

首先，制订有效且目标明确的安全政策，确定安全管理的组织结构；其次，有计划地、系统地落实安全政策，并根据事先确立的评价标准量测安全管理的效果；最后，总结经验教训，作为制订改进措施时的依据和参考。

（3）施工现场安全管理

工程项目建设中，针对规范规定的特殊分项工程，需要编制专项施工方案以降低风险；同时，在施工中要有完备的施工安全检查和记录；针对可能发生的事故，制订安全事故应急预案，确定事故管理制度和方法。此外，现场安全培训也很重要，通过安全培训，可提高现场管理与施工人员的安全意识。

（4）安全施工技术标准

为保证工程现场安全规范施工，我国已经形成了相对完整的施工技术标准：针对土石

方、基坑、模板、脚手架等施工过程的安全技术措施；特种设备、常用施工机具的基本安全操作流程；工程现场设备安全用电、消防安全管理以及施工隐患的安全措施及响应预案。

建设工程安全管理科学是我国工程建设者在实际工程中安全实践经验的总结和升华，为改变我国建设工程安全生产状况起到了重要作用；但随着我国建设项目越来越多，规模越来越大，工程项目中涉及的诸多安全问题已经超出当前安全管理学科的范畴。

1.2.4　土木安全工程的内涵

1. 土木工程全寿命周期

在我国传统的土木工程建设项目中，主要强调建设过程和工程结构修建完成时的使用功能，进而形成了以质量、工期、成本为三大控制目标的工程项目管理思想。这种理念主要关注工程的建设过程，忽视了工程除了满足社会基本功能外还须承担的社会责任、历史责任以及特殊的价值和文化，是一种近视的、局限性的理念，也是我国建设工程领域存在的众多问题的根源之一。

为此，相关学者提出从发展的角度看工程，即从项目的规划设计、施工、运营以及报废后的处置等一系列过程综合考虑工程项目的效益。针对具体工程项目，不仅要关注工程结构的功能系统，并且在工程的设计阶段就要充分考虑全寿命周期的问题，把科学发展、环境保护等理念纳入其中，实现工程的可持续发展。根据相关理论，将工程项目寿命周期分为五个阶段，如图 1 - 6 所示。

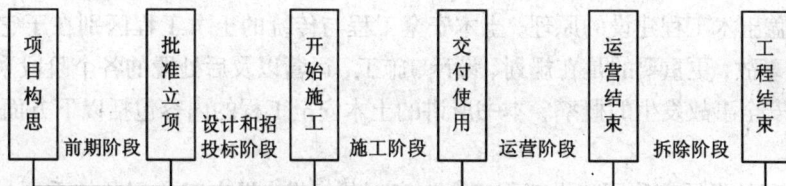

图 1 - 6　工程项目全寿命周期划分图

所以，工程全寿命周期理念以工程前期策划、规划设计、施工、运营维护（包括加固、扩建、改建）、拆除的整个过程为对象进行规划设计、计划、组织、监督和控制，以实现工程全寿命周期整体最优目标。

2. 工程项目的参与方及其责任

在一个工程项目中，项目的参与者包括政府部门、业主、勘察与设计单位、监理单位、材料供应方等，每个参与者都承担着相应的责任并对项目的可持续发展产生影响。

政府部门在建设项目中承担立项审批、规划审批以及质量监督的责任，是社会公共利益的代表。政府部门通过合理规划，积极开展"社会评价"，加强项目监督，使项目在保证功能要求的前提下，向着合理利用自然资源和生态环保的可持续发展方向前进。

业主是项目的投资方，在保证项目质量和功能的前提下，需要考虑项目经济可行性。在全寿命周期管理方式下，需要业主将项目放在一个更高的层次，即社会和自然的角度来进行项目的可行性研究、项目的设计，筛选项目的承包商，采用新的环保材料、建造技术和环保技术。虽然在一定程度上加大了成本，但采用可持续发展的项目管理方式使得整个社会的收益提高，业主完全有可能从政府获得相关的优惠政策，从而补偿自己的损失。

　　勘察、设计单位是业主的委托方，在其资质证书许可的范围内，基于自己在工程项目勘察设计方面的专业知识，向业主提供有利于可持续发展的项目管理方式的设计方案、新的环保材科、建造技术和环保技术，为项目的进行提供技术支持。

　　监理单位代表项目建设单位依照法律、法规以及有关技术标准对施工质量实施监督，并对施工质量承担监理责任，从而达到保证项目的质量、进度等目的。施工单位是项目建设的核心，在业主、监理单位和政府法规的约束下，按工程设计要求、施工技术标准和合同约定建造工程结构。材料供应方作为整个可持续发展项目管理链上的一个组成部分，应该从法律上保证所提供材料符合发展要求。

3. 土木安全工程的含义

　　基于工程项目全寿命周期的理念、工程结构建设过程以及安全科学的基本原理，土木安全工程是研究建设项目规划、设计、施工、运营以及终结处置过程中可能会对环境、结构本身产生的安全威胁，进而提出相关控制措施和方法的科学和技术。

　　土木安全工程是一门综合性学科，不仅涵盖了传统的房屋工程、市政工程、交通工程等学科的相关内容，也包括管理科学、安全科学、环境科学等新兴学科的基本原理。土木安全工程要求的专业基础知识较广泛，不仅要具备传统安全工程专业培养模式中最基本的"懂技术、会管理"，而且要具有土木安全工程实践分析能力，以及综合性强、专业性强、实践性强的安全技术能力。

　　土木安全工程与传统的建设工程安全管理科学的区别在于，土木安全工程不仅包含安全处置措施，更涵盖土木工程建设的原理；土木安全工程与传统的土木工程区别在于它不仅仅是应对发生的安全事故，更重要的是在规划、设计、施工、运营以及后处置的各个阶段采取主动性预防措施，减少安全事故发生的概率。本书所讲的土木安全工程的内容包括以下方面：

　　（1）概述

　　从土木工程的发展和我国建设工程安全生产现状出发，提出安全问题的重要性；结合当前安全科学在建设工程中的应用，基于工程项目全寿命周期的理念，提出土木安全工程的内涵。

　　（2）土木安全工程的基本方法和理论

　　土木安全工程的基本理论和方法包括安全事故致因理论、工程可靠度理论和工程风险理论。安全事故致因理论通过研究事故发生的原因和规律来预防和控制事故，具体包括海因里希理论、事故链理论。人－机－环境理论等；工程可靠度理论基于概率与数理统计基础来研究工程可靠性，为当前工程设计与计算主流理论；工程风险理论是基于工程风险识别、量化、分析及控制的基本理论。

　　（3）土木安全工程生产法律制度与法规

　　行政、经济、法律是遏制建设工程安全事故高发的有效手段，其中完善的法律制度和法规是治本之策。我国工程安全方面已形成了涵盖法律、法规、规章、标准、规范等几个层面的法律体系，具体包括《中华人民共和国安全生产法》、《建设工程安全管理条例》、《国家突发公共事件应急机制》、《生产安全事故报告和调查处理条例》等。同时，发达国家完善的工程安全管理经验为我国建设工程安全管理提供了良好的借鉴。

　　（4）勘察规划阶段的土木安全工程

　　勘察设计是决定工程结构位置、结构选型的重要阶段，对保证工程建设、运营维护等过程具有决定性意义。勘察设计阶段的安全控制需要分析可能存在的勘察手段单一、勘察结果离散性大、设计错误等风险因素以及勘察设计中各方的安全责任，在此基础上提出相应的安全控制措施。

（5）施工阶段的土木安全工程

施工是工程项目实施的关键阶段，也是工程安全事故频发的阶段，对工程安全意义重大。施工阶段的土木安全工程包括施工安全生产的特点与事故类型、施工各方应承担的责任、建设工程强制性标准、工程施工安全管理措施四个方面内容。

（6）使用阶段的土木安全工程

使用阶段是工程结构实现功能价值的阶段，一旦发生安全事故，后果一般十分严重。工程结构使用阶段的安全风险主要有火灾、超载、耐久性，使用阶段的安全控制要求不能改变工程的主体结构和承重结构、保持正常的维修与养护、采取必要的安全防护措施，在工程结构出现安全隐患时，应在适当的检测与鉴定基础上，制定相应的抢险与加固措施。

（7）土木工程安全事故分析

科学全面的事故分析不仅可以为事故处理提供依据，还能为预防同类事故的发生提供经验。结合因果分析法与事故树分析方法，从定量和定性两个方面对土木工程安全事故展开分析，并结合湖南凤凰沱江大桥坍塌事故与某地铁车站基坑事故展开分析。

（8）全员参与的土木安全工程

现代土木工程结构规模越来越大，管理层次越来越复杂，安全问题越来越突出，需要项目建设各方包括建设单位、勘察设计单位、施工单位、监理单位及运营单位等共同参与，承担好各自的责任，保护工程项目全寿命周期的安全。

4. 土木安全工程的意义

土木工程是国民经济建设不可或缺的重要组成部分，与人们的工作、生产和生活息息相关，从项目酝酿、立项、可行性研究、各阶段设计、施工建设、使用运营到工程完结处置，任何环节的安全隐患都可能影响建设工程的安全，甚至有些安全隐患会成为国家发展、人们工作和生活无法消除的障碍。

同时，在工程项目建设中，不同环节的安全隐患对工程安全的影响程度亦不同，越在初期阶段对后期阶段的影响越大，越在后期阶段对本阶段的影响越大。所以，深入研究土木工程各阶段的安全特点对建设工程的安全控制有重要意义。

─────────────── 重点与难点 ───────────────

1. 土木工程特点及其安全现状。
2. 教学难点为土木安全工程的内涵。

─────────────── 思考与练习 ───────────────

1. 简述我国土木建设工程安全生产的现状。
2. 你觉得需要从哪几个方面来改善我国建设工程安全生产的现状？
3. 在土木工程专业中开展安全教学有什么现实意义？

第2章
土木安全工程基本理论和方法

2.1 概述

20 世纪以来，土木工程技术得到快速发展，不仅为人们创造了舒适的居住环境和便捷的交通，也创造了巨大的社会财富。但与此同时，各种土木相关事故却给社会带来了巨大的人员和财产损失。在世界范围内，土木建设都属于危险行业之一，其工人死亡率仅次于采矿业。我国经济的快速发展带动了土木建筑行业的突飞猛进，但事故造成的损失不容忽视。事故有时是不可避免的，在事故中发现和总结规律，不仅可以避免类似事故的发生，也可以促进科学技术的进步，下述典型案例充分说明安全事故引起的技术和理论的进步。

塔科马悬索桥建于 1940 年，位于美国华盛顿州，在建成仅仅 4 个月之后，就被风速为 19 m/s 的阵风摧毁。该桥是由当时活跃在悬索桥设计第一线的莫伊塞夫设计的，这座大桥之所以轻易被摧毁，是因为强风引起的卡门涡桁摇动桥身，当卡门涡桁的振动频率和桥身固有频率相近时引起桥梁共振破坏。当时在建成后有关人员对于大桥的震动感到好奇，进行风洞研究的人员便在大桥上安装了摄像机进行监视，这样大桥共振破坏的过程就被记录了下来。通过对大桥的破坏过程记录的分析和以后的风洞试验，当时不为人所知的悬索桥自感应震动的机理终于被研究清楚，由此促进了悬索桥技术的飞速发展。现在世界各地已建成的成千上万座悬索桥，如日本的明石海峡大桥，成为现代化城市的一道亮丽风景，有的跨度已超千米，可以承受风速高达80 m/s的飓风。

人类总是在各种经验教训中不断学习和进步，因此在土木安全领域，应对已发生的安全事故仔细总结和分析，得到正确的方法和理论，以指导未来的工程实践。无论是自然灾害还是生产工程事故，都是在特定条件下发生的，具有一定的规律和特点。土木安全事故一般具有以下几个特点：

（1）普遍性

自然界和社会生活中充满了各种危险，都是人们在生产生活中必须面对的，发生事故的可能性普遍存在，绝对的安全是不存在的。在不同的生产生活过程中，危险性各不相同，事故发生的可能性就存在很大差异。

（2）因果性

一种事物是另一事物发生的原因，存在一种关联性，并且一般是由相互联系的多种因素共同作用的结果。事故的因果性决定了事故的必然性和一定的不确定性，即其迟早会发生，

图 2 – 1　塔科马悬索桥共振破坏

但是无法预知何时何地发生。掌握事故的因果关系，切断事故因素的因果联系，就能控制必然性，预防事故的发生。

（3）随机性

事故是由于某些意外情况发生的，这些意外情况一般难以预知，造成发生的具体情况和严重程度呈现一定的随机性，也使事故预防有了一定困难。但这种随机性在一定范畴内也遵循统计规律，从事故的统计资料中可以找到事故发生的规律。

（4）潜在性

事故表现为突发事件，但隐患和潜在危险是早就存在的，只不过未被发现或未被重视，这个阶段就是事故的潜伏期。在此期间，人 – 机 – 环境系统就处于不稳定状态，存在隐患，如果有触发条件出现，安全事故就有可能发生。

（5）可预测性

现代的工业生产系统是人造系统，这种客观事实给预防事故提供了基本条件。应通过因果分析，发现规律，应用概率理论收集尽可能多的事故案例进行统计分析，就可以从总体上找出根本性的问题，为宏观安全决策奠定基础，为改进安全工作指明方向，从而做到"预防为主"，达到安全生产的目的。

现代科技的发展，使人们对各种事故的预测有了技术保障，同时使人们能够根据对过去事故所积累的经验和教训以及对事故规律的认识，通过科学的方法和手段，对未来可能发生的事故进行预测和预防。

2.2　安全事故致因理论

事故和伤亡总是人们不愿看到的，但仍旧频繁发生，为控制这些事故所引起的损失，安全科学从 19 世纪末开始系统地发展起来。这是一个多种学科交叉的新兴学科，是应用系统论的观点、方法研究事故发生的过程，分析事故发生的机理，研究事故的预防和控制策略及事故发生时应对策略的学科。

鉴于土木工程事故所表现的普遍性、随机性等特点，应用系统的安全科学的观念和理论进行管理成为迫在眉睫的任务，而建设各方对此的认识并不完善。以往的事故给每个工程都带来了各方面管理的困难,在人们心里产生了"事故是建设成本"的错误观念,对安全管理更加不重视,助长工程事故高发,使工程安全管理陷入了被动的"事故管理"的怪圈。可以说每个事故都或多或少的有偶然性,但都有各种各样必然的原因。土木安全管理的研究表明,安全事故具有一定的规律性。预防和避免事故的关键,就在于找出事故发生的规律,在源头上消除导致事故的必然原因,控制和减少环境因素导致事故的可能性。对于由人的因素引起的安全事故,通过科学的管理程序和方法,采取有效的措施,避免其发生。即使一旦事故发生,通过有效的应急措施,也能减小伤亡和损失。这就需要对事故致因理论加以研究,掌握规律,为工程建设服务。

较为完善的事故致因理论包括海因里希事故致因理论(heinrich domino theory)、事故倾向理论(the accident - proneness theory)、人 - 机 - 环境理论、轨迹交叉理论、精神分散理论(the distractions theory)、目标警惕性理论、事故链理论(the chain - of - events theory)、能量理论(energy theory),本章对其中一部分理论进行简单介绍。

2.2.1　海因里希事故致因理论

在对安全科学的研究中,美国工程师海因里希(H. W. Heinrich)的理论对现代安全理论的发展有深刻的影响。他对 55 万件机械事故做了详尽统计,对这些实际案例做了总结、概括,并上升为理论,在 1931 年出版了《安全事故预防:一个科学的方法》,提出了著名的"安全金字塔法则",1941 年出版了流行于全世界的《工业事故的预防》一书,提出了工业事故发生的因果连锁理论。下面分别对两个理论进行简单介绍。

1.安全金字塔理论

海因里希在对 55 万件事故的统计中发现,其中死亡、重伤事故 1666 件,轻伤 48334 件,其余则为无伤害事故。从而得出一个重要结论,即在事故中,死亡或重伤、轻伤和无伤害事故的比例为 1:29:300,这一理论被称为"安全金字塔法则"。这个法则说明,在工业生产过程中,每发生 330 起意外事件,有 300 件未产生人员伤害,29 件造成人员轻伤,1 件导致重伤或死亡(图 2-2)。

对于不同的生产过程、不同类型的事故,上述比例关系不一定完全相同,但这个统计规律说明了在进行同一项活动中,无数次意外事件必然

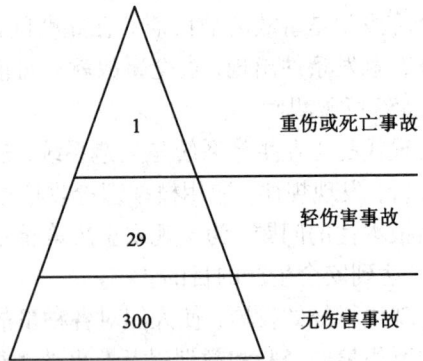

图 2-2　金字塔理论模型

导致重大伤亡事故的发生。人们无法判定到底哪次的意外事故会导致伤亡的发生,因此要防止重大事故,就必须减少甚至消除无伤害事故。在生产中,应根据生产程序,列出每一个程序可能发生的事故以及发生事故的先兆,培养员工对事故先兆的敏感性,在任何程序上一旦发现生产安全事故的隐患,要及时报告、及时排除,消除小的事故隐患。

2.因果连锁理论

海因里希的因果连锁理论认为,伤亡事故并不是一个孤立的事件,而是有一系列原因,包括社会环境的不安全、人的失误、人的不安全行为,三者相继发生造成事故。他提出了事故连锁反应这个重要的概念,该过程受到以下五个因素的影响:

①遗传及社会环境。遗传因素及社会环境是造成人的性格上缺点的原因，遗传因素可能造成鲁莽、固执等不良性格；社会环境可能妨碍教育、助长性格上的缺点发展。

②人的缺点。人的缺点是使人产生不安全行为或造成物质不安全状态的原因，它包括鲁莽、固执、过激、神经质、轻率等性格上的先天缺点，以及缺乏安全生产知识和技能等后天缺点。

③人的不安全行为或物的不安全状态。指那些曾经引起过事故或可能引起事故的人的行为，或物质的状态，它们是造成事故的直接原因。例如，在起重机的吊荷下停留、不发信号就启动机器、工作时间打闹或拆除安全防护装置等都属于人的不安全行为；没有防护的传动齿轮、裸露的带电体、照明不良等属于物的不安全状态。

④事故。事故是由于物体、物质、人或放射线的作用或反作用，使人员受到伤害或可能受到伤害的、出乎意料之外的、失去控制的事件。坠落、物体打击等使人员受到伤害的事件是典型的事故。

⑤伤害。直接由于事故而产生的人身伤害。

事故的发生可以形象地用多米诺骨牌来形容(图 2 - 3)，在五个骨牌系列中，只要第一个骨牌被撞倒，接着第二个、第三个都将依次倒下，最终导致事故和伤害的发生。而海因里希认为在企业中的安全工作中心内容就是消除人的不安全行为或物的不安全状态，可以理解为抽去第三张骨牌避免第四、五张骨牌倒下，这样事故不会发生，对人的伤害也就无从谈起。

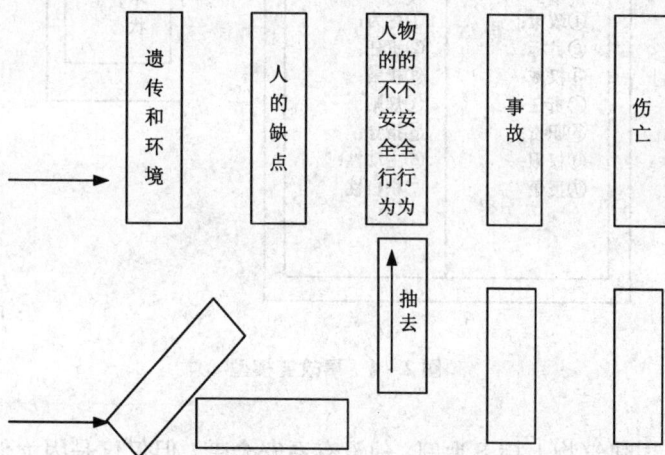

图 2 - 3　安全事故的多米诺骨牌模型

这一事故理论在实践中被认为是安全生产中的经典理论，对安全生产管理有深远影响。在生产中，应有专门安全生产人员检查工作环境的安全状况，检查施工所用的机械、工具，对工人做好安全培训，保证其稳定状态，是该理论的具体体现。

2.2.2　事故链理论

事故链理论是对海因里希因果连锁理论的继续发展，该理论认为：事故是一系列事件发展的结果，每个事件都是造成最终结果的必不可少的一个环节，其中某个或某几个事件不发生，最终的事故也就不会发生。

　　事故链理论的最终目的是从预防的角度,将可能造成事故发生的事件链中的某个因素消灭在萌芽阶段,而不是着眼于追究事故责任。在安全管理过程中,由于各种原因,对大多数正在生产、建设的企业来说,完全依靠技术的发展和改进来预防事故的发生不经济也不现实。通过专门的安全管理工作,制订详细且有效的制度,将各项工序和操作纳入规范的轨道,才能有效地预防事故的发生。在安全管理中,企业领导者的方针、政策和决策占有十分重要的地位,包括生产及安全的目标、职员的配备、资料的利用、责任及职权的划分等。

　　该理论的核心在于对现场失误背后的原因进行了深入的研究,并且认为操作者的不安全行为及生产作业中的不安全状态等现场失误是由企业领导者及安全工作人员的管理失误造成的。管理失误反映了企业管理系统中的问题,涉及确定怎样的管理目标,如何计划、实现该目标等问题。管理体系反映了作为决策中心的领导人的信念、目标及规范,决定了各级管理人员安排工作的轻重缓急,工作基准点及指导方针等重大问题。因此管理体系的不完善是企业安全问题的深层次原因,如图 2-4 所示。

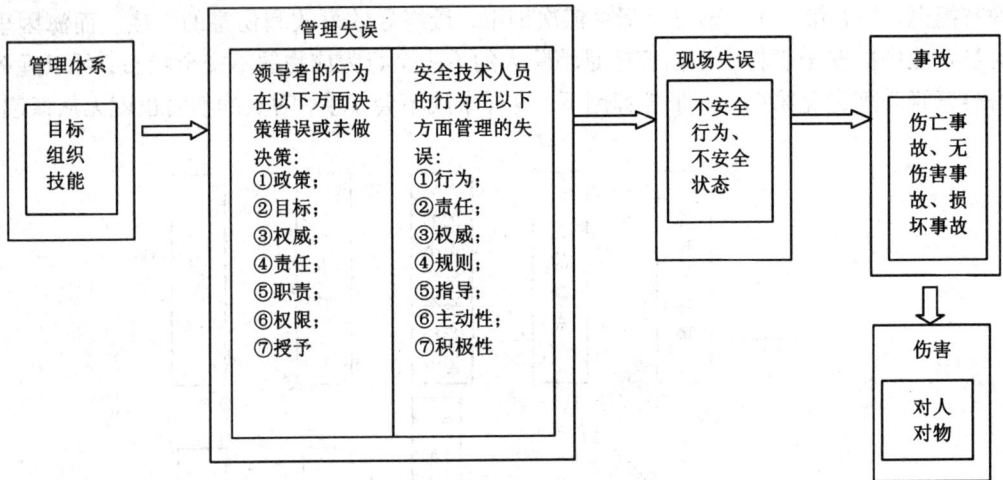

图 2-4　事故链模型

　　以某工人从高层建筑物上摔下为例,他没有系安全带,但仅仅是因为他没有佩戴安全装置,还是一连串事件导致了该事故呢? 深入调查表明,首先,由于工地上管理人员的疏忽,该层没有布设全周长的栏杆以防止坠落事故的发生;其次,公司在这个项目上没有备有足够的安全带,而且任何一个需要使用安全带的工人都须填写繁琐的申请才能使用,工人认为不值得这样费劲地去做;最后,那个受伤的工人在该项目上工作了两个星期,期间没有看到其他工人使用安全带,所以自然而然地认为不使用安全带也没有关系。

　　用事故链理论来分析,虽然在这起事故中,受伤的工人应该对其摔伤负责,但这起事故中还有许多其他人在起作用。可以中断这些联系的事件包括:对工人提供安全装置方面足够的帮助;公司严格遵守安全制度和安全措施;细致的现场安全检查,发现潜在的危险因素,进行安全意识训练。显然,公司管理层存在许多问题。

　　如果认真地评价事故和危险,可以发现几乎所有的事故或多或少都是因为管理失误造成的。管理层可能会在下述方面出现失误:①严格执行工序程序;②对工人进行严格的训练;

③确保工具制作；④作业协调；⑤正确意识到危险，做好安全激励措施；⑥严格设计和选择承包商；⑦确保供给、维护；⑧以认真的态度指导工人；⑨管理层有足够经验；⑩保证工人工作环境，计划和部署周全。

管理失误是多种多样的，但管理层一旦意识到这些失误，他们就会尽力改正。这些改正和提高包括简单的工序修改、额外的训练和安全政策的改变。从经济的角度看，这些改变都是积极的，也就是说提高设施的安全性将提高生产率。从长远目标看，实施改善安全状况的措施会使公司的开支全面降低，并获得好的声誉。

2.2.3　人 – 机 – 环境理论

人 – 机 – 环境理论是在海因里希理论的基础上通过研究，综合考虑其他因素，来揭示事故发生的因果关系(图2 – 5)。该理论认为，在人机协调作业的建设工程施工过程中，人和机器在一定的管理和环境条件下，为完成一定任务，既各自发挥自己的作用，又必须相互联系，相互配合。这一系统的安全性和可靠性不仅取决于人的行为，还取决于物的状态。一般说来，大部分伤亡事故发生在人和机械的交界面上，人的不安全行为和物的不安全状态是导致意外伤害事故的直接原因。因此，工程建设中存在的风险不仅取决于物的可靠性，还取决于人的"可靠性"。

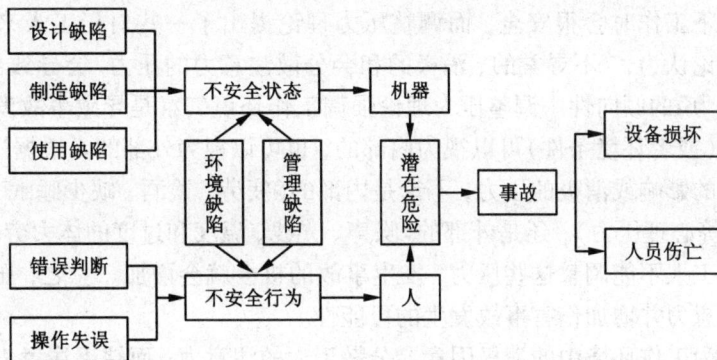

图 2 – 5　人 – 机 – 环境理论事故因果模型图

系统中的人是指作为工作主体的人(如现场工人或决策人员)；机是指人所控制的一切对象(如机械、砂石材料、设备、生产过程等)的总称；环境是指人、机共处的特定工作条件(如温度、噪声、震动、有害气体等)。

根据统计数据，由于人的不安全状态导致的事故占事故总数的88% ~ 90%，因此预防和避免事故发生的关键，是应用人机工程学的原理和方法，通过正确的管理，努力消除各种不安全因素，建立一个人 – 机 – 环境协调工作的安全生产系统。该理论体系是以分析人的因素对事故发生的影响为基础，来总结事故发生的人的内在原因。下面是对基于人 – 机 – 环境理论的几种事故致因理论的简单介绍。

1. 事故倾向理论

事故倾向性理论是有相当长历史的理论，这个理论主要描述了人的因素与事故发生原因的联系。此理论基于这样一个假设：当几个不同的人被置于几乎相同的环境中时，总有些人比其他人更容易发生事故。这个理论的支持者认为，事故并不是随机分布的，或者说遭受伤害的可能性并不仅仅是一个纯粹概率问题，而是一些人身上与生俱来的一些特点，使得他们更容易发生事故。需要注意的是，只有具有时间稳定性的性格特征才能被称为有事故频发倾向，这种稳定性以数年为标准。短时间出现的心理变化与性格波动不属于该范畴。

带有事故频发倾向的从业者，会在工作中重复多次地表现他的这一特点。通常这一性格特点表现为：感情冲动、容易兴奋、脾气暴躁，理解能力低、判断和思考能力差，处理问题轻率、冒失，厌倦工作、没有耐心，喜怒无常、感情多变等。当然并不是每次表现都会引发事故损失，很可能只是引发了不能成为事故的不安全行为或者无后果的未遂事故，但是这些性格的多次显露，会增加该从业者引发事故的概率。

在实际的应用中，为减少事故的发生，管理者可以对有事故倾向性的工人进行适当的选择，对于那些被认为冒险是富有"男子汉"气概的人或者在生产操作时精神不稳定、注意力不能集中的人，可以限制或拒绝其前往施工现场工作，不安全的行为不仅会危及他们自身的安全，而且会危及别人的安全。管理者还可以更准确科学地采取心理学测试来判别，如日本曾经采用的 YG 测验(yatabe gnilford test)来测试工人的性格。

2. 调整压力理论

调整压力理论认为，某种分散工人注意力的气氛会危及工人的安全。调整压力理论解释了大部分事故倾向性理论所没有阐述的事故原因。一般情况下，当工人在一个能发挥潜能、积极的工作环境下工作时会很安全，而调整压力理论提出了一些对于工人来说不安全的情况。调整压力理论认为，"不寻常的、消极的和会分散注意力的压力"会导致工人增加"发生事故和低质量行为"的倾向性。调整压力理论强调工作环境气氛是导致事故发生的一个主要因素。环境气氛(或者环境条件)可以视为内部的，也可以视为外部的。根据这个理论，任何强加到工人身上的影响或消极的压力，不论是内部的(疲劳、饮酒、缺少睡眠、毒品、疾病和诸如忧郁、焦虑等心理压力)，还是外部的(噪声、光线、温度和过度的体力劳动)都会导致事故的发生。如果工人不能调整这些压力，发生事故的机会就会增加。总之，压力会在工作时间分散工人的注意力并增加伤害事故发生的可能性。

这个理论认为工作环境中的消极因素会分散工人的注意力，而缺乏注意力对安全工作来说是很有害的。在其他的工作环境中也不乏这样的例子：在很多建筑工地上，赶工期成为常态，当工人在正常状况下进行高空作业时，系安全绳、铺设挡板等安全措施基本能保证安全，但当工人长时间疲劳作业，或者工期十分紧急时，工人的注意力将不那么集中，所谓的耽误时间的安全规定也可能被抛之脑后。正是这些精神方面的压力，增加了工人发生事故并且受伤的可能性。

在很多情况下，许多压力都是由于管理上出了问题造成的。任何危及工作安全的压力都是导致事故发生的潜在催化剂。在性格不相容的一个工人和一个主管之间，或者两个互相辱骂的工人之间，都会导致紧张的情况出现。当工人被置于一个明显危险的环境下工作时也会导致工人的压力增加。工人生活中的许多压力也有可能带到工作中来，诸如离婚、亲人的死亡、孩子生病和经济拮据等家庭问题可能成为导致这类压力的重要原因。而导致工人压力的一些自身原因则包括滥用药物、身体疼痛、疲劳和缺乏睡眠等。当这些压力被带到工作中时，就有可能影响工人在作业现场保持安全状态的能力。虽然管理层不能觉察出这些压力的性质，但管理层应当关注他们的工人，当工人特别心烦意乱或行为不正常时应该采取相应措施。

调整压力理论不应同事故倾向性理论相混淆,因为事故倾向性理论强调了人内在的、固有的不完善,而调整压力理论则认为是影响工人的、暂时的条件导致了事故发生的可能性的增加。

3. 瑟利模型理论

瑟利把事故的发生过程分为危险出现和危险释放两个阶段,这两个阶段各自包括一组类似人的信息处理过程,即知觉、认识和行为响应过程。在危险出现阶段,如果人处理信息的每个环节都正确,危险就能被消除或得到控制;反之,只要任何一个环节出现问题,就会使操作者直接面临危险。在危险释放阶段,如果人的信息处理过程的各个环节都是正确的,则虽然面临着已经显现出来的危险,但仍然可以避免危险释放出来,不会带来伤害或损害;反之,只要任何一个环节出错,危险就会转化成伤害或损害。瑟利模型如图 2-6 所示。

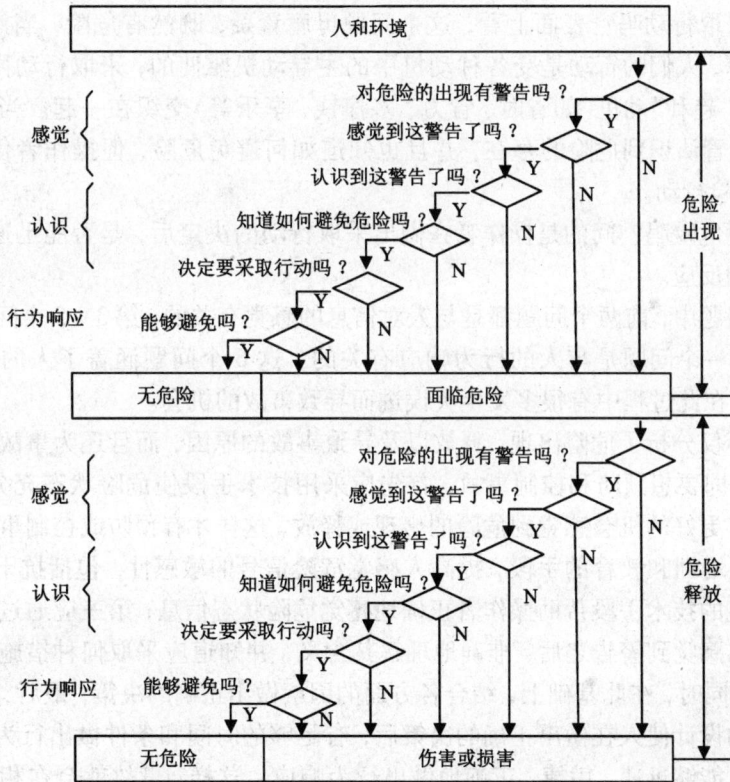

图 2-6　瑟利事故模型

由图 2-6 可以看出,两个阶段具有相类似的信息处理过程,每个过程均可被分解成 6 个方面的问题。下面以危险出现阶段为例,分别介绍这 6 个方面问题的含义。

①对危险的出现有警告吗?这里警告的意思是指工作环境中是否存在安全运行状态和危险状态之间可被感觉到的差异。如果危险没有带来可被感知的差异,则会使人直接面临该危险。在生产实际中,危险即使存在,也并不一定直接显现出来。这一问题给我们的启示,就是要让不明显的危险状态充分显示出来,这往往要采用一定的技术手段和方法来实现。

②感觉到这警告了吗？这个问题有两个方面的含义：一是人的感觉能力如何，如果人的感觉能力差，或者注意力在别处，那么即使有足够明显的警告信号，也可能未被察觉；二是环境对警告信号的干扰如何，如果干扰严重，则可能妨碍对危险信息的察觉和接受。根据这个问题得到的启示是：感觉能力存在个体差异，提高感觉能力要依靠经验和训练；在干扰严重的场合，要采用能避开干扰的警告方式(如在噪声大的场所使用光信号或与噪声频率差别较大的声信号)或加大警告信号的强度。

③认识到这警告了吗？这个问题问的是操作者在感觉到警告之后，是否理解了警告所包含的意义，即操作者将警告信息与自己头脑中已有的知识进行对比，从而识别出危险的存在。

④知道如何避免危险吗？问的是操作者是否具备避免危险所需的知识和技能。为了使这种知识和技能变得完善和系统，从而更有利于采取正确的行动，操作者应该接受相应的训练。

⑤决定要采取行动吗？表面上看，这个问题毋庸置疑，既然有危险，当然要采取行动。但在实际情况下，人们的行动是受各种动机中的主导动机驱使的，采取行动回避风险的"避险"动机往往与"趋利"动机(如省时、省力、多挣钱、享乐等)交织在一起。当趋利动机成为主导动机时，尽管认识到危险的存在，并且也知道如何避免危险，但操作者仍然会"心存侥幸"而不采取避险行动。

⑥能够避免危险吗？问的是操作者在做出采取行动的决定后，是否能迅速、敏捷、正确地做出行动上的反应。

上述6个问题中，前两个问题都是与人对信息的感觉有关的，第3~5个问题是与人的认识有关的，最后一个问题是与人的行为响应有关的。这6个问题涵盖了人的信息处理全过程，并且反映了在此过程中有很多发生失误进而导致事故的机会。

瑟利模型不仅分析了危险出现、释放以及导致事故的原因，而且还为事故预防提供了一个良好的思路：即要想预防和控制事故，首先应采用技术手段使危险状态充分地显现出来，使操作者能够有更好的机会感觉到危险的出现或释放，这样才有预防或控制事故的条件和可能；其次应通过培训和教育的手段，提高人感觉危险信号的敏感性，包括抗干扰能力等，同时也应采用相应的技术手段帮助操作者正确地感觉危险状态信息；第三应通过教育和培训的手段使操作者在感觉到警告之后，准确地理解其含义，并知道应采取何种措施避免危险发生或控制其后果，同时，在此基础上，结合各方面的因素做出正确的决策；最后，则应通过系统及其辅助设施的设计使人在做出正确的决策后，有足够的时间和条件做出行为响应，并通过培训的手段使人能够迅速、敏捷、正确地做出行为响应。这样，事故就会在相当大的程度上得到控制，取得良好的预防效果。

4. 轨迹交叉理论

轨迹交叉理论不同于前几种人－机－环境理论，它强调的是人－机－环境之间的相互作用关系，其基本思想是：伤害事故是许多相互联系的事件顺序发展的结果。这些事件概括起来不外乎人和物(包括环境)两大发展系列。当人的不安全行为和物的不安全状态在各自发展过程(轨迹)中，在一定时间、空间发生了接触(交叉)，能量转移于人体时，伤害事故就会发生。而人的不安全行为和物的不安全状态之所以产生和发展，又是受多种因素作用的结果。

轨迹交叉理论的示意图如图 2 - 7 所示。图中，起因物与致害物可能是不同的物体，也可能是同一个物体；同样，肇事者和受害者可能是不同的人，也可能是同一个人。

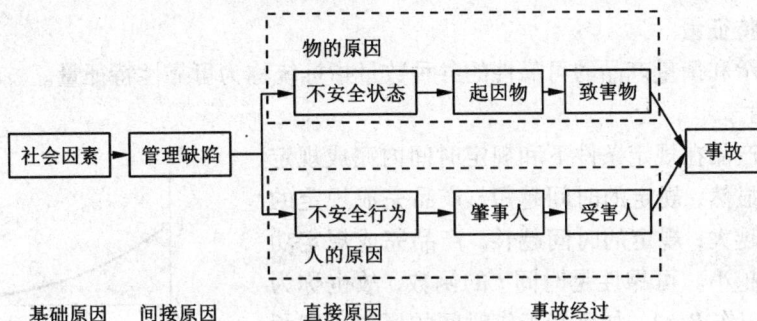

图 2 - 7　轨迹交叉事故模型图

轨迹交叉理论反映了绝大多数事故的情况。在实际生产过程中，只有少量的事故仅仅由人的不安全行为或物的不安全状态引起，绝大多数的事故是与二者同时相关的。例如：日本通过对 50 万起工伤事故的调查发现，只有约 4% 的事故仅与人的不安全行为无关，而只有约 9% 的事故仅与物的不安全状态无关。

在人和物两大系列的运动中，二者往往是相互关联，互为因果，相互转化的。有时人的不安全行为促进了物的不安全状态的发展，或导致新的不安全状态的出现；而物的不安全状态可以诱发人的不安全行为。因此，事故的发生可能并不是如图 2 - 7 所示的那样简单地按照人、物两条轨迹独立地运行，而是呈现较为复杂的因果关系。

人的不安全行为和物的不安全状态是造成事故的表面的直接原因，如果对它们进行更进一步的考虑，则可以挖掘出二者背后深层次的原因。这些深层次原因的示例见表 2 - 1。

轨迹交叉理论强调人的因素和物的因素在事故致因中占有同样重要的地位。按照该理论，可以通过避免人与物两种因素运动轨迹交叉来预防事故的发生。

表 2 - 1　事故发生深层次原因示例

基础原因(社会原因)	间接原因(管理缺陷)	直接原因
遗传、经济、文化、教育培训、民族习惯、社会历史、法律	生理和心理状态、知识技能情况、工作态度、规章制度、人际关系、领导水平	人的不安全行为
设计、制造缺陷、标准缺乏	维护保养不当、保管不良、故障、使用错误	物的不安全状态

2.3　工程可靠度理论

工程结构可靠度是指工程结构在规定的时间内、规定的条件下完成预定功能的概率。其中，规定时间是指分析结构可靠度时考虑各项基本变量与时间关系所取得的时间参数，即设计基准期；规定条件是指结构设计时所确定的正常设计、正常施工和正常使用的条件，不考虑人为过失的影响。

2.3.1 可靠性的基本概念

1. 可靠性特征量

通常把表示和衡量产品的可靠性的各种数量指标统称为可靠性特征量。

（1）可靠性

可靠性是产品在规定条件下和规定时间内完成规定功能的概率。显然，规定的时间越短，产品完成规定的功能的可能性越大；规定的时间越长，产品完成规定功能的可能性就越小。可靠性是时间 t 的函数，故也称为可靠性函数，记作 $R(t)$，如已知工作时间的概率密度函数为 $f(t)$，其函数如图 2-8 所示。

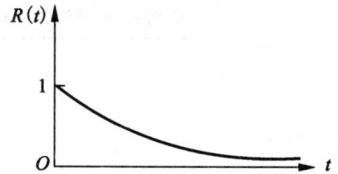

图 2-8 可靠性函数

$$R(t) = P(T > t) = \int_t^\infty f(t)\,\mathrm{d}t \qquad (2-1)$$

且有 $R(0) = 1$；$R(\infty) = 0$。

（2）平均寿命和有效度

不可修产品的平均寿命是指产品失效前的平均工作时间，记为 $MTTF$（mean time to failure）；可修产品的平均寿命是指相邻两次故障间的平均工作时间，称为平均无故障工作时间或平均故障间隔时间，记作 $MTBF$（mean time between failures）。它们都表示无故障工作时间的期望值 $E(t)$。则：

$$E(t) = \int_0^\infty t f(t)\,\mathrm{d}t \qquad (2-2)$$

系统稳态有效度 A（availability）表示产品处于完好状态的概率。

$$A = \frac{MTBF}{MTBF + MTTR} \qquad (2-3)$$

式中：$MTTR$——平均维修时间（mean time to repair）。

（3）失效率和失效率曲线

失效率（瞬时失效率）是工作到 t 时刻尚未失效的产品，在该时刻 t 后的单位时间内发生失效的概率，也称为失效率函数，记为 $\hat{\lambda}(t)$，其观测值可表示为：

$$\hat{\lambda}(t) = \frac{F(t + \Delta t) - F(t)}{\Delta t} = \frac{在时间 （t, t+\Delta t）内每单位时间失效数}{试验总数} \qquad (2-4)$$

可靠性取决于各部件的失效率，根据长期以来的理论研究和数据统计，失效率曲线的典型形态如图 2-9 所示，由于它的形状与浴盆的剖面相似，所以又称为浴盆曲线（bathtubcurve），它明显地分为三段，分别对应三个不同阶段或时期。

①早期失效期，失效率曲线为递减型。投入使用的早期，效率较高而下降很快，主要是由于设计、制造、储存、运输形成的缺陷，以及调试、启动不当等人为因素所造成。当所有先天不良的失效消失后运转逐渐正常，失效率就趋于稳定，到 2 段时失效率曲线已开始变平，1 段称为早期失效期，应该尽量设法避免早期失效期的失效原因，争取失效率低且早期失效期短。

②偶然失效期，失效率曲线 2 段为恒定型。失效率主要由非预期的过载、误操作、意外

的天灾以及一些尚不清楚的偶然因素造成。由于
失效原因多属偶然，故称为偶然失效期。偶然失
效期是能有效工作的时期，这段时间称为有效寿
命。为降低偶然失效期的失效率而增长有效寿
命，应注意提高产品质量，精心使用维护。

③耗损失效期，失效率曲线是递增型。在 3
段失效率上升较快，这是由于老化、疲劳、磨损、
蠕变、腐蚀等所谓的有耗损的原因引起的，故称
为耗损失效期。针对耗损失效期的原因，应当注
意检查、监控、提前维护，使可靠性不至过快下
降。当然，修复若花费很大费用而延长寿命不
多，则不如报废更为经济。

图 2-9　浴盆曲线

2. 系统可靠性

系统的组成结构从可靠性的角度来看可分为
串联系统、并联系统、冗余表决系统和混联系统，这些都是基本可靠性模型，也称为传统可
靠性模型。

（1）串联系统

如果一个系统由多个子系统组成，要完成规定功能，每个子系统都不能出现故障，这样
的系统是典型的串联系统，其可靠性计算可以使用串联系统可靠性模型进行，其故障率为：

$$\lambda = \sum_{i=1}^{n} \lambda_i \tag{2-5}$$

式中：λ_1，…，λ_n 分别为串联的 n 个部件的故障率。

如静定桁架结构，其中每个杆件均可看成串联系统的一个元件，只要其中一个元件失
效，整个系统就失效。串联系统的可靠度随着单元可靠度的减小及单元数的增加而迅速下
降，因此为提高串联系统的可靠性，单元数宜少，而且重视改善最薄弱单元的可靠性。

（2）并联系统

与串联系统不同，如果一个系统由多个子系统组成，要完成规定功能，只要一个子系统
不出现故障即可，这样的系统是典型的并联系统，其可靠性计算可以使用并联系统可靠性模
型进行，两单元并联的系统故障率的倒数为：

$$\frac{1}{\lambda} = \frac{1}{\lambda_1} + \frac{1}{\lambda_2} - \frac{1}{\lambda_1 + \lambda_2} \tag{2-6}$$

式中：λ_1、λ_2 分别为并联单元的故障率。

当各 λ 相同时，两单元的并联系统即为 2 选 1 的表决系统。

如超静定结构的失效可用并联模型表示，一个多跨的排架结构，每个柱子都可以看成是
并联系统的一个元件，只有当所有柱子均失效后，该结构体系才失效。一个两端固定的刚
梁，只有当梁两端和跨中形成了塑性铰（塑性铰截面当作一个元件），整个梁才失效。并联系
统对提高系统的可靠度有显著的效果，但是所需材料等都会成倍增加。

（3）冗余表决系统

并联系统中，如果要求多个子系统不出现故障才能完成规定功能，这样的系统就是冗余

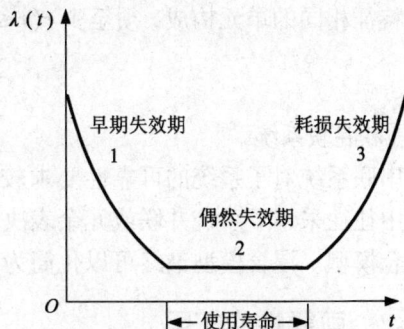

表决系统，其可靠性计算可以使用冗余表决系统可靠性模型进行。表决冗余系统指由 n 个可靠性特征相同的单元构成，须至少 $r(r{\leqslant}n)$ 个单元正常工作的系统，其故障率的倒数为：

$$\frac{1}{\lambda} = \sum_{i=r}^{n} \frac{1}{\lambda_i} \tag{2-7}$$

（4）混联系统

串联系统对子系统的可靠性要求较高，特别是系统中的一些关键件，如果可靠性不高，实践中往往采用子系统并联或冗余表决的方法增加系统的可靠性，这样的系统的可靠性模型为混合模型。混合模型最终可以化简为串联模型或并联模型。

2.3.2 可靠性的作用

对土木工程行业来说，可靠性控制具有十分重要的意义。近年来出现了许多重大事故，如 2011 年武夷山公馆大桥垮塌事故，北京怀柔白河桥垮塌事故等，都造成了巨大的生命和财产损失。这些事故的原因十分复杂，但总的来说还是离不开设备和部件的可靠性不足，没能完全应对复杂的外部条件。在设计和施工过程中，为保证结构、设备的安全性和可靠性，要从结构的组成材料、使用条件和环境、施工方法等方面研究可能存在的各种随机不确定性，并用适当的数学方法将这些随机不确定性与结构的安全性和可靠性联系起来，这就是近些年发展起来的随机可靠性理论，以此为基础进行极限状态设计。

在现阶段的发展状况下，系统的可靠性对安全和效益至关重要。如今科技越来越发达，系统的复杂度越来越高，规模越来越大，当多个单元或部件组成系统时，其可靠性就需要经过科学的分析以确定是否在安全范围内。比如一架飞机由 10 万个部件组成，每个部件的可靠性达到了 99.999%，当它们组成串联系统时，其可靠性只有 36.79%，因此需要对其可靠性进行具体研究，并以此制订设计方案。同时，提高可靠性也能大大降低生产成本，提高生产效率，避免因事故或故障影响正常的运作，一个可靠性高、质量好的企业能在市场中赢得好的口碑，提高企业信誉，也能最大限度地保护施工现场人员的安全和提高生产效益。

2.4 工程风险理论

工程项目风险理论是指通过风险识别、风险分析和风险评价，去认识工程项目的风险，并以此为基础合理地使用各种风险应对措施、管理方法、技术和手段对项目的风险实行有效地控制，妥善处理风险事件造成的不利后果，以最少的成本保证项目总体目标实现的管理工作。

2.4.1 风险的基本概念

风险是指引发危险的概率及其损害的严重程度，有不确定性和损失性两个基本特征。

风险是可度量的，虽然个别的风险事件很难预测，但可以对其发生的概率进行分析，并可以评估其发生的影响，同时利用分析预测的结果为人们的决策服务，预防风险事件的发生，减少风险发生造成的损失。

风险由以下因素构成：风险因素、风险事件、风险损失。

（1）风险因素

风险因素是指能够增加风险事故发生频率或严重程度的因素，它是风险事故发生的潜在原因，是造成损失的间接的和内在的原因。根据其性质，通常把风险因素分为实质性风险因素、道德风险因素和心理风险因素。

实质性风险因素属于有形因素，是指能引起或者增加损失机会与损失程度的物质条件，如失灵的刹车系统、恶劣的气候、易爆物品等；道德风险因素属于无形因素，与人的不正当社会行为和个人的道德品质修养有关，表现为不良企图或恶意行为、故意促使风险事故发生或损失扩大，如不诚实、纵火、勒索等；心理风险因素也属于无形因素，是指可能引起或增加风险事故发生和发展的人的心理状态方面的原因，强调的是无意或者疏忽的行为，而非恶意。

（2）风险事件

风险事件是指直接造成损失或损害的风险条件，是造成事故和损失的直接原因和条件。风险事件的发生导致损失的可能性转化为现实的损失，它的可能发生或不可能发生是不确定性的外在表现形式。例如火灾的发生可能造成生产资料的损失和人员伤亡，火灾就可以定义为风险事件。风险事件是否能造成风险损失还由其他因素决定。

（3）风险损失

风险控制和风险管理中的损失不同于一般损失，它是风险的结果，是风险承担者不愿意看到的后果，是指非故意的、非计划的和非预期的经济价值损失。这种损失分为直接损失和间接损失两种：直接损失是指实质性的经济价值的损失，是可以观察、计量和测定的；间接损失是由直接损失引起的破坏事实，一般是指额外的费用损失、收入的减少和责任的追究。例如由于机器损失导致生产线的中断所引起的直接损失是机器的价值和产出的减少，因未按期交货引起客户的索赔和造成订单的减少为间接损失。

风险因素、风险事件和风险损失三者联系紧密，风险因素引起风险事件，风险事件导致损失，产生的结果与预期结果的不同即为风险，其关系如图 2 – 10 所示。

图 2 – 10　风险因素、事件、损失与风险关系

2.4.2　风险管理步骤

风险管理一般经过以下几个步骤：①风险辨识，识别各种可能造成损失的重大风险；②风险分析，衡量风险的损失频率和损失程度，对各因素影响大小进行分析；③风险管理，制订企业风险管理策略；④风险预防，持续不断的对企业风险管理战略的实施情况进行监督和评估，并反馈结果。

1. 风险辨识

对损失发生可能性的认识过程称为风险辨识。认识损失发生的可能性就是确认损失根源所在、性质及范围，同时也包括确认导致损失的直接因素。前者称为危险因素的辨识，后者称为危险事故的分析。风险辨识技术实际上是收集有关损失原因、危险因素及其损失暴露等方面的信息技术。

根据在人的现有综合能力下是否处于可控状态可将风险分为可控制的风险状态和不可控制的风险状态；就风险的紧迫性和重要性将风险分为四类，如图 2-11 所示。

①重要且紧迫风险，如燃气罐泄漏爆炸；②重要而不紧迫风险，如抽检某结构构件质量不达标；③紧迫而不重要风险，如生产作业场所无标志；④不重要不紧迫风险，如光照不足，通风不佳。

根据风险的特征，采取不同的应对方式，如若风险处于可控状态，就应根据紧迫性和重要性分清缓急，寻找适当的方法消除、降低和控制风险；如果风险处于不可控状态，那就应假定在事故发生的情况下，估计时间和地点，制订应急救援方案，准备好抢险材料，有条不紊地展开救援和善后工作。

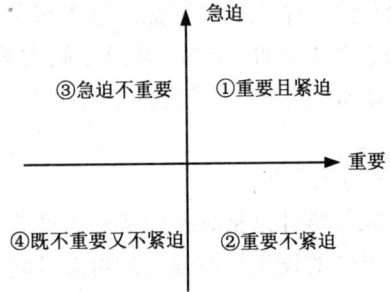

图 2-11 风险状态分类

2. 风险分析

风险分析是用系统科学的理论和方法，对系统的安全性进行预测和分析后，先定性、后定量地认识危险，以达到寻求最佳的对策，控制事故而使系统安全的方法。不论在任何系统中，都会由于人为或者环境的因素，出现一定的风险事件，区别在于发生的频率和事故的严重程度，为了控制风险造成的损失，我们需要对其有充分认识，掌握危险发展为事故的规律，充分揭示系统存在的所有危险性及其事故的可能性和发生事故可能造成的损失大小，即评估系统客观存在的风险大小。

对风险的分析现有定性和定量两种大方向。定性风险评价是借助于对事物的经验、知识、观察和发展规律的了解，科学地进行分析判断的方法，对风险不进行量化处理，只对事故发生的可能性等级和后果严重程度进行相对比较。定性风险评价简单直观，容易掌握，但是由于结果不能量化，可靠度在很大程度上取决于评价人员的经验。定量风险评价则是利用一定的科学方法，以已有数据库为基础，定量计算出危害的可能性及其严重程度，不同行业和系统有各自定量风险分析的方法，主要用于控制易燃、易爆、有毒等危险化学品重大事故的诸多措施中。主要方法见表 2-2，具体情况请参见专业资料。

一般意义上，风险具有概率和后果的双重性，风险 R 可用发生的概率 P 和损失程度 C 的函数表示：

$$R = f(P, C) \tag{2-8}$$

国内土木行业施工现场在对安全方面的风险分析一般采用安全检查表法，这是进行系统危险分析和辨识的最基本方法，也是进行系统安全评价的重要技术手段。该方法主要是将一系列内容列出检查表进行分析以确定系统的状态，这些内容包括设计、装置、工艺、储运、操作、管理等各个方面。

表 2 - 2　风险分析方法

定性风险 分析方法	安全检查表法	定量风险分析	典型危险指数评价法
	预先危险性分析法		逻辑分析法
	故障假设法		DNV 定量分析
	危险性和可操作性研究		风险矩阵法
	作业条件危险性评价法		概率危险评价法
	专家评议法		模糊综合评价法

3. 风险管理

风险管理主要是以观察、试验和分析以往损失资料为手段，以概率论和数理统计为数学工具，以系统论为研究方法，研究风险管理理论、组织机构、风险和风险所致损失发生的规律、控制技术和管理决策等，目标是以最少的成本实现最大的安全保障效能。

风险管理一般的具体方法有四种：①风险承担，指承认风险存在的事实并接受与其相关的风险，不作任何对风险加以控制的努力，这种方法认为并不是所有已识别的风险都需要特别处理，一般用于风险较低的场合，如因天气原因造成的施工延误。②风险规避，指为将风险降至一个理想的程度而在概念、需求、规格及实践等方面做出的改变，简而言之，就是以风险较低的解决方案削减并替代高风险活动，如以机械加工代替人工操作以免工人受伤的风险。③风险转移，指将系统内各个部分之间进行风险的再分配，以此全面降低系统风险，风险转移实际上是风险分担的一种形式，而不是单方面的风险消除，它可能影响到总体目标，风险转移效果取决于风险辨识和分析的准确性，如合同中一般要求业主承担工程变更造成的施工单位成本增加的风险。④风险控制，是不仅要努力消除风险的来源，而且还要尽可能地降低其风险度或控制风险，它通过降低风险事件发生的概率及其影响范围对风险加以控制。

风险管理应该坚持"预防为主，善后为辅"的科学管理方法，采取必要的预测预警技术，将事故消灭在萌芽状态。当采取了预防、预警措施和控制危害因素的安全措施，就能很好地预防事故发生，即使事故发生，由于采取了一定控制措施，可以使事故的损失降低。具体在实际生产中，要求设计单位、生产企业、经营单位在建设项目设计、生产经营、管理中，采取消除或减弱危险、有害因素的技术措施和管理措施，这些事故预防措施可以总结为"三 E 对策"，即工程技术对策(engineering)、安全教育对策(education)、安全管理对策(enforcement)。

（1）工程技术对策

以工程技术手段解决安全问题，是预防事故发生和减少伤害损失的最佳安全措施，一般从以下几个方面进行努力：①增强对人失误后果的控制能力。人的失误是不可避免的，因此一旦人发生可能导致事故的失误时，应能控制或限制有关部件或元件的运行，保证安全。如触电保护器就是在人失误触电后防止对人造成伤害的一种技术措施。②防止故障传递的能力。应能防止一个部件或元件的故障引起其他部件的故障，以避免事故发生。如电器的保险丝，压力锅上的易熔塞。③增强承受能量释放的能力。运行过程中可能会发生高于正常水平的能量释放，应采取措施使系统能够承受这种释放，如加大系统的安全系数。④防止能量积聚的能力。能量积聚将导致意外的过量能量释放，因而应采取措施使能量达不到发生事故的水平。如矿井通风就可以防止瓦斯集聚到爆炸的水平，防止事故发生。

（2）安全教育对策

安全教育对策，包括安全教育和安全培训两大部分。安全教育是通过各种形式，包括学校教育、媒体宣传、政策向导等，努力提高人的安全意识和素质。安全教育主要是培养一种意识，需要长时间甚至一生来培养，并从人的行为体现出来，而与所从事的职业无直接的关系。安全培训虽然也包括有关教育的内容，但其内容一般要具体些，范围要小得多，主要是一种技能培训。安全培训的主要目的是使人掌握在某些特定的作业中或环境下正确并安全地完成其应完成的任务，故也有人称在生产领域的安全培训为安全生产教育。

对生产企业职工要加强培训教育工作，使管理人员和作业人员具有高度的安全责任心，端正的安全生产态度，并且要熟悉相应的业务，有熟练的业务技能，具有相应作业岗位所需的危险、危害知识和应急处理能力，有预防火灾、爆炸、中毒等事故和职业危害的知识和能力，具有在紧急情况下采取正确应急措施的能力，事故发生时有自救、互救的能力。同时要加强对新职工的安全教育、技能培训和业务考核，新进工人必须经过严格的三级安全培训教育，并经过考试合格后方可上岗。对职工每年至少进行两次安全技术培训和考核。

（3）安全管理对策

安全管理对策是通过一系列管理手段将企业的安全生产工作整合、完善、优化，将人、机、环境等涉及安全生产工作的各个环节有机地结合起来，保证企业生产经营活动在安全健康的前提下正常开展，使安全技术措施发挥最大作用。在现实社会中，经济及技术都有较大局限性，这种对策有十分重要的作用。安全管理可以通过行政、法制、经济、文化等技术手段，建立高效的、以人为本的安全管理体系，使生产正常运转（图2-12）。

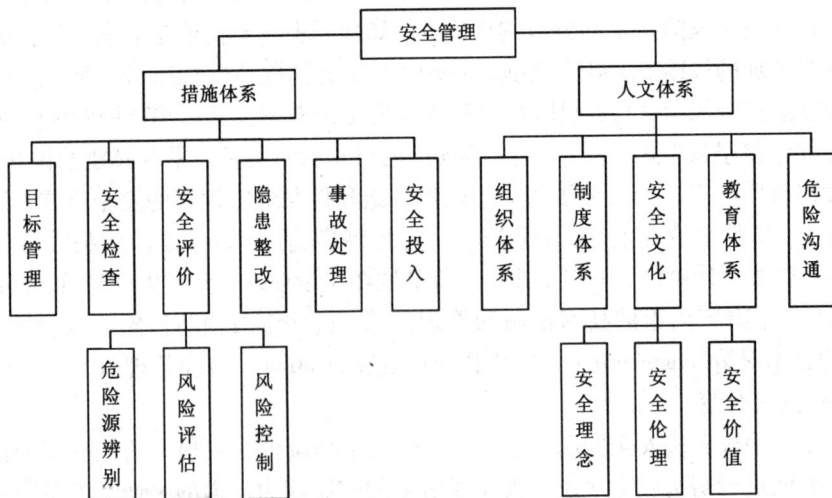

图2-12　安全管理体系示意图

企业进行安全管理工作，首先要建立、健全的安全管理制度，根据相关法律法规和技术标准，建立日常安全管理制度；其次要建立并完善生产经营单位的安全管理组织机构和人员配置，保证各类安全生产管理制度能够认真贯彻执行，各项安全生产责任制落实到人；另外，企业要健全生产经营单位安全生产投入的长效保障机制，从资金和设施装备等物质方面保障安全生产工作的正常进行。生产企业在项目建设和日常运行中应安排用于安全生产的专项资金，进行安全生产方面配套安全设施的建设和技术改造，配备安全培训、教育和其他安全管理所需设备，建立事故应急预案并配备必要的训练、急救设备等。

2.4.3　风险管理方法实例

本节就柴油加氢项目工程做简单分析，对其施工过程中可能遇到的风险进行识别，并通过对主要风险的分析，讨论减少风险的相关措施。

1. 项目施工阶段的风险辨识

要对风险进行辨识，就需要了解在施工阶段项目建设的具体特点，尤其是相对于一般项目更容易发生事故的方面。通过分析该项目有以下特点：

①设备就位难度大。该项目所用的设备有 35% 是超大型设备(一般高度在 20 m 以上，重量也在 25 t 以上)，设备就位需要大型吊车进行吊装，大型吊车要求作业空间大。

②管道安装难度大。项目所用管道多为耐高温、高压材料，对管道施工质量要求高。

③管道及设备试压难度大。项目 80% 的管道及设备设计压力较高，系统进行强度实验及气密试验压力较高，最高可达 15 MPa，一旦设备及管道的某处焊口或材质不符合规范要求，就会造成试压介质冲出，造成人员伤亡和财产损失。

④设计变更多。柴油加氢项目建设一般与旧装置相邻，地上、地下情况较为复杂，这给各专业施工带来不便，可能遇到许多意想不到的复杂情况，这样可能会有大量的设计变更出现，这给参与项目建设的各方带来较大投资、进度风险。

针对该项目的特点采用专家调查法对其进行风险识别，通过对专家反馈的意见进行归纳分类、整理分析，建立了项目风险清单，如表 2-3 所示。

表 2-3　项目建设施工阶段的风险清单

风险种类	典型风险事件	风险种类	典型风险事件
质量风险	设备基础施工质量不合格	投资风险	承包商索赔使投资增加
	钢结构安装质量不合格		设计变更使投资增加
	材料、设备质量不合格	安全风险	火灾
	工艺管线及设备安装质量不合格		坠物伤人
进度风险	业主改变部分工程内容使工程延期		管道及设备试压伤人
	恶劣天气影响工程进度		大型吊装吊车翻车人员伤亡

2. 项目建设施工阶段风险分析及评价

(1)主要风险的确定

根据风险的定义，项目风险大小可以通过对项目风险发生的可能性大小以及项目风险后果的严重程度进行定量分析，风险量的计算公式为：

$$R = P \times c$$

$$(2-9)$$

式中：P——风险发生的概率；

c——潜在损失；

R——风险量。

根据表 2-3 中所示的风险内容，通过对企业进行调查咨询，对已建成的类似项目在施工阶段的风险损失情况进行详细调查，并对调查结果进行整理分类，最后将各种风险的发生频率及平均损失汇总。统计结果见表 2-4。

表 2-4　柴油加氢项目建设施工过程中风险损失统计表

		质量风险				进度风险		投资风险		安全风险			
		设备基础施工质量不合格	钢结构安装质量不合格	材料、设备质量不合格	工艺管线及设备安装质量不合格	业主改变部分工程内容使工程延期	恶劣天气影响工程进度	承包商索赔使投资增加	设计变更使投资增加	火灾	坠物伤人	管道及设备试压伤人	大型吊装吊车翻车人员伤亡
项目1	平均损失	0.15	1.16	0.40	0.20	0.15	0.14	0.21	1.25	2.10	0.23	0.33	0.30
	发生频次	1	4	2	1	1	2	1	26	7	3	3	3
项目2	平均损失	0.07	1.08	0.80	0.00	0.00	0.78	0.13	0.48	2.00	0.08	1.10	0.40
	发生频次	2	6	1	0	0	1	2	22	4	1	2	1
项目3	平均损失	0.00	0.31	0.30	0.35	0.50	0.00	0.11	0.37	1.30	0.07	0.00	0.00
	发生频次	0	4	1	1	2	0	2	28	6	2	0	0
项目4	平均损失	0.23	1.60	0.00	0.00	1.01	0.00	0.28	0.14	1.80	0.09	0.61	0.10
	发生频次	1	9	0	0	1	0	2	29	4	2	3	1
项目5	平均损失	0.15	0.94	0.00	0.00	0.70	0.00	1.01	1.27	1.20	0.00	0.31	0.50
	发生频次	1	5	0	0	2	0	3	28	2	0	2	2
项目6	平均损失	0.30	0.85	0.10	0.13	0.22	0.23	1.05	0.42	1.60	0.18	0.38	0.16
	发生频次	1	6	2	2	1	2	1	23	3	1	1	3

		质量风险				进度风险		投资风险		安全风险			
		设备基础施工质量不合格	钢结构安装质量不合格	材料、设备质量不合格	工艺管线及设备安装质量不合格	业主改变部分工程内容使工程延期	恶劣天气影响工程进度	承包商索赔使投资增加	设计变更使投资增加	火灾	坠物伤人	管道及设备试压伤人	大型吊装吊车翻车人员伤亡
项目7	平均损失	0.12	1.23	0.00	0.00	0.03	0.14	0.08	0.36	2.70	0.00	0.04	0.00
	发生频次	2	2	0	0	3	1	2	18	4	0	3	0
项目8	平均损失	0.43	2.50	0.10	0.00	0.09	0.00	0.02	0.43	0.80	0.00	0.62	1.10
	发生频次	1	4	3	0	2	0	2	26	4	0	1	1
项目9	平均损失	0.00	2.15	0.20	1.01	0.41	0.34	0.05	1.50	1.40	0.15	0.31	0.11
	发生频次	0	12	1	1	2	2	2	24	4	3	4	2
项目10	平均损失	0.00	3.22	0.30	0.15	0.00	0.00	0.31	0.26	2.00	0.18	1.32	0.20
	发生频次	0	8	1	2	0	0	1	18	5	1	2	1
合计	损失	1.64	100。58	2.9	2.12	4.87	2.34	5.94	161.02	74.5	1.9	10.64	4.4
	频次	9	60	11	7	14	8	18	242	43	13	21	14

利用公式 2 -9，即可计算出前面已经识别出的风险的量，其中风险事件发生概率可将表 2 -3 中的所有风险发生的概率相加，然后用每一风险事件发生的概率除以此数以得到风险发生概率，将表 2 -4 中的同一风险损失量相加，填入表 2 -5 中的潜在损失中，再将两者对应相乘，即可得到风险量，如表 2 -5 所示。如"设备基础施工质量不合格"一项的风险统计量计算：其中 $P = 9/460 = 0.02$，$c = 1.64$，$R = P \times c = 0.02 \times 1.64 = 0.032$。

从表 2 -5 可以看出，在该项目建设施工过程中，设计变更（$R = 84.707$）、钢结构安装质量不合格（$R = 13.18$）、火灾（$R = 7.36$）为该项目施工阶段的三个主要风险。通过以上分析评价，得出表 2 -6。

对于主要风险，在施工过程中应重点控制，从设计、施工承包单位到业主都应严格控制风险，时刻给予重视。

表 2 - 5　风险因素的风险量

风险种类	风险	发生概率（%）	潜在损失（万元）	风险量（万元）	风险排序
质量风险	设备基础施工质量不合格	0.020	1.64	0.032	11
	钢结构安装质量不合格	0.131	100.58	13.18	2
	材料、设备质量不合格	0.024	2.9	0.070	8
	工艺管线及设备安装质量不合格	0.015	2.12	0.032	12
进度风险	业主改变部分工程内容使工程延期	0.030	4.87	0.146	6
	恶劣天气影响工程进度	0.017	2.34	0.040	10
投资风险	承包商索赔使投资增加	0.039	5.94	0.232	5
	设计变更使投资增加	0.526	161.04	84.707	1
安全风险	火灾	0.094	74.5	7.003	3
	坠物伤人	0.028	1.9	0.053	9
	管道及设备试压伤人	0.046	10.64	0.489	4
	大型吊装吊车翻车人员伤亡	0.030	4.4	0.132	7

表 2 - 6　项目施工阶段风险划分表

级别	内容	
主要风险	设计变更使投资增加	
	钢结构安装质量不合格	
	火灾	
一般风险	设备基础施工质量不合格	业主改变部分工程内容使工程延期
	材料、设备质量不合格	恶劣天气影响工程进度
	工艺管线及设备安装质量不合格	承包商索赔使投资增加
	坠物伤人	大型吊装吊车翻车人员伤亡
	管道及设备试压伤人	

（2）对主要风险产生原因进行分析

现利用风险因子法就设计变更原因进行分析，所谓风险因子法是以风险因子为衡量标准，利用公式 2 - 10 进行计算，得出不同风险因素的风险。这种方法把已识别的风险分为低中高三类。低风险指对项目目标仅有轻微的不利影响、发生的概率也小（小于 0.3）的风险；中等风险指发生概率大（0.3 ～ 0.7），且影响项目目标实现的风险；高风险指发生概率很大（大于 0.7），对项目目标的实现有非常不利影响的风险。风险因子为：

$$R_f = \begin{cases} P_r + C_r - P_r \times C_r & P_r \neq 0 \text{ 且 } C_r \neq 0 \\ 0 & P_r = 0, 1 \text{ 或 } C_r = 0 \end{cases} \quad (2-10)$$

式中：R_f——风险因子；

　　　P_r——风险因素（风险源）导致系统失败的概率；

　　　C_r——风险因素（风险源）导致系统失败的程度。

一般规定 $R_f < 0.3$ 为低风险，$0.3 < R_f < 0.7$ 为中风险，$R_f > 0.7$ 为高风险。

根据对专家调查及资料统计分析绘制出设计变更产生原因的分析框图，如图 2 – 13 所示。

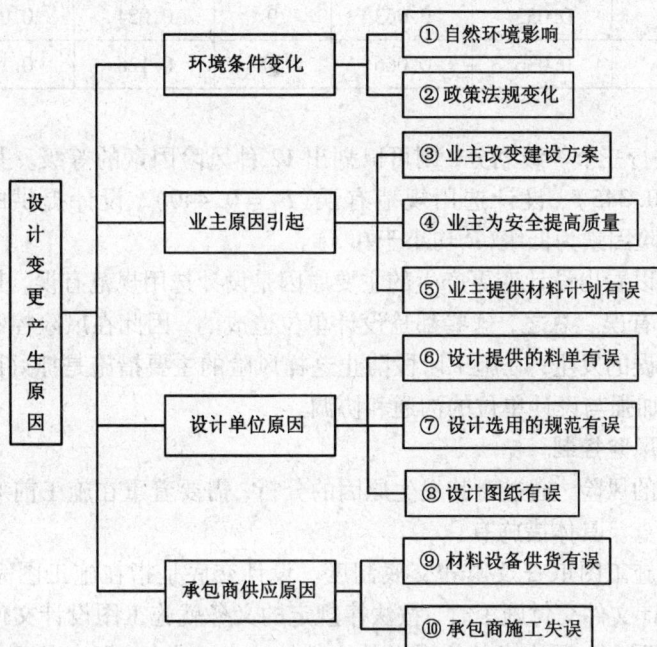

图 2 – 13　设计变更原因分析图

为找出主要风险因素，对表 2 – 4 中选择设计变更损失（频次 × 平均损失）最大的五个项目进行进一步风险因素的详细调查，得出表 2 – 7 结果。利用风险因子评价法，对表 2 – 7 中各种风险因素进行评价。利用式（2 – 10）计算出各种事件的风险因子，结果见表 2 – 8。

表 2 – 7　风险因素调查表

	①	②	③	④	⑤	⑥	⑦	⑧	⑨	⑩	频次	损失（万元）
项目 1	1	1	1	1	0	6	5	7	0	4	26	33
项目 5	0	1	2	1	2	4	9	6	0	3	28	38
项目 6	3	0	1	0	0	6	4	5	2	1	23	9
项目 8	0	1	3	0	1	7	6	2	0	6	26	19
项目 9	2	0	2	1	1	4	7	4	1	2	24	36
频次合计	6	3	9	4	4	27	31	24	3	16	127	
损失合计	5.0	3.3	10.9	4.5	4.9	21.8	35.0	25.9	2.3	16.9		135

表 2 − 8　风险因子计算值

	P_r	C_r	R_f		P_r	C_r	R_f
①	0.047	0.037	0.082	⑥	0.213	0.161	0.340
②	0.024	0.024	0.047	⑦	0.244	0.259	0.440
③	0.071	0.081	0.146	⑧	0.189	0.192	0.345
④	0.031	0.033	0.063	⑨	0.024	0.017	0.041
⑤	0.031	0.036	0.066	⑩	0.126	0.125	0.235

按 R_f 值大小进行三个等级划分，则可以划出 12 种风险因素的等级。其中中级风险为设计图纸错误（$R_f = 0.345$）、设计选用规范有误（$R_f = 0.440$）、设计提供的料单有误（$R_f = 0.340$），其余的风险因素为低级（R_f 均小于 0.3）。

从以上分析可以看出设计变更产生的主要原因是设计选用规范有误，其次是设计图纸有误及设计提供料单有误。总之，这些都是设计单位造成的，因此在风险控制中应着重控制设计单位以防类似失误的发生，在施工阶段防止这样风险的主要措施是抓好图纸会审，加强设计交底力度，同时加强与设计单位的沟通和协调。

3. 施工阶段的风险控制

针对设计变更的风险，通过对其发生原因的分析，需要着重在施工前对设计单位提供的设计图进行详细审查。具体措施有：

①加强施工前施工图审查及遵守交底制度。设计交底是指在施工图完成并经审查合格后，设计单位在设计文件交付施工时，按法律规定的义务就施工图设计文件向施工单位及相关单位作出详细说明，加深施工单位对设计文件的特点、难点、疑点的理解，掌握关键工程部位的质量要求，确保工程质量。施工图会审是指施工单位以及建设单位、材料、设备等相关单位，在收到审查合格的施工设计文件后，在设计交底前对施工图进行全面审查。其目的有两方面：一是使施工单位和各参加单位能够熟悉设计图纸，了解工程特点和设计意图，找出需要解决的技术难题，并制订解决方案；二是能够解决图纸中存在的问题，减少图纸的差错。

②采取有效的监理制度。目前国内大多数工程只采用了施工阶段的监理制度，而设计阶段没有采取监理制度。采用监理制度可以由专业的监理公司进行设计过程质量跟踪监督，同时监理单位在设计招标时可举行设计方案竞赛，选择更好的设计单位。这样能减少设计图中存在的问题，进一步减小设计变更的产生。同时，监理公司组织施工图会审及交底，能够更好地规范各参加单位的行为，提高审图质量。

③严格设计变更审查制度。无论设计单位、施工单位还是业主提出设计变更，都必须经业主认可，由原设计单位认可并提交正式设计变更，详细分析变更前后的成本增减，以便于业主对项目投资进行控制。

═══ 重点与难点 ═══

1. 安全事故致因理论及工程风险理论；
2. 教学难点为工程可靠度理论。

思考与练习

1. 什么是工程结构可靠性特征量？分析结构可靠性的意义。
2. 风险管理步骤通常包括哪些？
3. 风险由哪些因素构成？各因素之间有何关系？
4. 为什么要研究事故致因理论？

第3章
土木安全工程生产相关法律制度与法规

当前，我国的土木建设工程发展迅速，与之相伴的是越来越难以忽视的安全生产问题。要从根本上遏制生产事故高发的态势，必须综合应用行政、经济、法律等多种手段。其中，完善的法律制度和法规无疑是治本之策。

经过一定历史时期的积淀和发展，我国目前已经形成了安全生产法律法规制度和体系，对土木工程相关从业人员形成法律意义上的权利保护与制约。土木工程生产应该遵守安全法律法规，否则要承担相应的法律责任；同时，相关人员的人身安全等权益受到侵害时，可通过法律途径得到保护。

本章以我国建设工程领域安全生产法律体系的发展及现状为出发点，简介我国安全生产管理机构及体制、安全生产相关法律，并介绍国外土木安全工程生产管理的法律体系。

3.1 我国土木安全工程生产法律体系的发展与现状

我国土木安全工程生产法律经历半个世纪的曲折发展，形成了以法律、法规、规章、标准、规范为内容的法律体系结构。

3.1.1 我国土木安全工程生产法律体系的发展

我国土木安全工程生产相关法律的发展自新中国成立以来，大致经历了五个阶段，具体是：

1. 初步建立阶段(1949—1957年)

新中国成立初期，针对旧中国遗留的劳动条件恶劣和伤亡事故多发、职业病危害严重的状况，政务院财经委员会、劳动部等先后颁布了一些劳动保护的单行规定，如《全国公私营厂矿职工伤亡报告办法》《关于防止沥青中毒的办法》等，这些规定使得建筑职工的生产生活条件得到了一定程度的改善。

1956年，国务院颁布了三大规程，即《工厂安全卫生规程》《建筑安装工程安全技术规程》和《工人职员伤亡事故报告规程》，这"三大规程"对维护劳动者安全和健康的权益，控制生产过程中伤亡事故的发生起到了极其重要的作用。同时，"三大规程"的颁布，是我国建筑安全生产法规体系建设发展的一个重要里程碑，为我国建设工程安全生产法规体系的健全发展奠定了基础。

2. 停止倒退阶段(1958—1978 年)

1958 年"大跃进"开始后,很多劳动保护、安全生产的法规被随意废除,建设中盲目赶抢工期,破坏了正常的生产秩序,安全状况明显下降。"大跃进"结束后,经过调整,安全生产状况有所恢复。在 1961—1966 年间,全国共编制 16 个设计、施工标准和规范;1963 年,国务院发布《关于加强企业生产中安全生产工作中的几项规定》,同时,国家有关部门还发布了《防暑降温措施暂行办法》《起重机械安全管理规程》《国有企业职工个人防护用品发放标准》等。

1966 年"文化大革命"开始,劳动保护、安全生产被批判为"活命哲学",各类法规、规程被全盘否定,建筑安全生产状况再度恶化。1971 年,施工中死亡人数达 2999 人,重伤人数达 9680 人。这一阶段,建筑安全生产立法工作遭到严重破坏,大量规章制度被撤销,基本上处于全面停滞倒退的状态。

3. 调整恢复阶段(1979—1992 年)

十年动乱结束后,经过拨乱反正,建筑安全生产立法工作逐步走上正轨。党中央、国务院发出《中共中央关于认真做好劳动保护工作的通知》,重申执行"三大规程"和"五项规定"的重要意义。1980 年,原国家建筑工程总局颁发了《建筑安装工人安全技术操作规程》,同时针对高处坠落、物体打击、触电等多发事故情况,于 1981 年提出了防止高空坠落等事故的十项安全技术措施。建设部成立以后,相继颁布了《关于加强集体所有制建筑企业安全生产的暂行规定》《国营建筑企业安全生产条例》等规定办法。20 世纪 90 年代以来,建设部又颁布了《工程建设重大事故报告和调查程序规定》《建筑安全生产监督管理规定》《建设工程施工现场管理规定》等部门规章,以及大量的技术标准规范。这一阶段,是建筑安全生产立法在徘徊、停滞后,全面恢复、重新建章立制的承上启下的重要阶段。

4. 充实提高阶段(1993—2002 年)

党的十四大明确提出在我国建立社会主义市场经济,以此为契机,我国建筑安全生产法规体系又向前发展了一大步。《实施工程建设强制性标准监督管理规定》《建筑业企业资质管理规定》《建筑工程施工许可管理办法》等与建筑安全生产相关的部门规章相继出台。1997 年 11 月 1 日,《中华人民共和国建筑法》(以下简称《建筑法》)正式颁布,为解决建筑活动中存在的突出问题提供了强大的法律武器,也是我国规范建筑安全生产的最重要法律之一。

2001 年,九届全国人大常委会第二十四次会议批准我国加入国际劳工组织《建筑业安全卫生公约》(第 167 号公约),这标志着我国的建筑安全生产法规体系开始与国际接轨。2002 年 6 月 29 日,《中华人民共和国安全生产法》(以下简称《安全生产法》)正式颁布,标志着我国安全生产正式纳入法制化管理轨道,也为进一步加强建筑安全生产管理,防止和减少建筑生产事故发生,指明了新的方向。与此同时,建筑安全生产技术标准建设步伐加快,《建筑施工安全检查标准》等重要标准出台。地方关于建筑安全生产的立法发展也很快,北京、天津、上海、云南、内蒙、山西、安徽、河北、山东、湖北等地都颁布了建筑安全生产的地方性法规或政府规章。这一阶段,是建筑安全生产管理适应社会主义市场经济的要求,不断充实、提高的阶级。

5. 发展完善阶段(2003 年至今)

2003 年 11 月 24 日,《建设工程安全生产管理条例》正式颁布施行。该条例是我国第一部规范建设工程生产的行政法规，它确立了建设工程安全生产监督管理的基本制度，是工程建设领域贯彻落实《建筑法》和《安全生产法》的具体表现，标志着我国建筑安全生产管理进入法制化、规范化发展的新时期。它的颁布与实施，对于规范建筑活动各方主体的安全行为和增强安全责任意识，强化和提高政府安全监管和依法行政能力，保障从业人员和广大人民群众的生命财产安全，具有十分重要的意义。

2004年1月7日，《安全生产许可证条例》颁布，确立了建筑施工企业的安全生产行政许可制度，建设部随后也制定了部门规章《建筑施工企业安全生产许可证管理规定》。2004年1月9日，《国务院关于进一步加强安全生产工作的决定》指出了今后一段时间安全生产工作的目标、方向和思路。建筑安全技术标准规范方面，《施工企业安全生产评价标准》《建筑拆除工程安全技术规范》《建筑施工现场环境与卫生标准》《建筑施工临时用电安全技术规范》等相继颁布。这一阶段，党和国家对安全生产工作给予了前所未有的重视，我国建筑安全生产法规体系也得到了前所未有的大发展，一方面建章立制，根据法律制定行政法规和部门规章，另一方面又修改完善有关规章制度，我国建筑安全生产法规体系的框架初步构建了起来。

3.1.2　我国土木安全工程法律体系现状

1. 安全生产法律体系构成

我国的土木安全工程法律法规体系是指为了保障人民的生命和财产安全，尽量降低土木工程建设过程中的安全风险，调整在土木工程产品生产活动中所产生的同安全生产有关的各种社会关系的法律规范总称。

该体系由宪法、国家法律、国务院法规、地方性法规，以及规章、标准、规范等规范性文件所构成。我国土木安全工程法律法规体系的总体框架如图3-1所示。

2. 安全生产法律体系特点

（1）体系庞大、立法分散，各行业安全法律法规自成体系

我国安全法律法规体系的法律文件种类和数量较多，共有法律法规55部、部门规章93部；据不完全统计，相关技术标准规范达300多部，再加上全国各个省、自治区、直辖市、较大市制定的地方性法规及政府规章，我国土木安全工程法规体系所涵盖的规范性文件以及技术标准数量可达到四五千部，体系庞大。同时，我国土木工程行业具有明确的划分，并且每个行业有其负责主管的行业部门，各主管部门具有严格的行政权力划分，可根据自己主管的行业具体情况颁布规章，因此逐渐形成了各专业共同遵循法律以及一部分行政法规，从部门规章开始后便较为独立的情况，各行业安全法律法规自成体系。

（2）强制性法律规范居多，执行监管以政府为主导

我国的安全法规体系分为法律、行政法规、规章及标准规范四个层次，前三个层次的内容为法律规定的强制性条文，生产经营单位必须遵守，只有标准规范层中部分标准为推荐性标准，企业可自主参考。这与其他国家的实践规范、标准均为推荐性标准有很大不同。在法规体系的监管方面，我国是以政府监管为主导，政府下设相关部门全面负责监管建设过程中的各方面。技术标准规范层面上，我国实行的是政府主导的标准制订管理模式，根据政府机构主导行业不同，分别制定和监管各自的行业标准。

```
                    ┌────────┐         ┌────《宪法》────────────────────┐
                    │ 基本法律 │────────┤────《建筑法》──────────────────┤
                    └────────┘         └────《安全生产法》────────────────┘
   ┌──────┐         ┌────────┐         ┌────《铁路法》──────────────────┐
   │ 法律层 │────────┤专业性质法规│────────┤────《公路法》──────────────────┘
   └──────┘         └────────┘
                    ┌────────┐         ┌────《消防法》──────────────────┐
                    │ 相关法律 │────────┤────《防震减灾法》────────────────┤
                    └────────┘         └────……共17部──────────────────┘

                    ┌────────┐         ┌────《安全生产许可证条例》──────────┐
                    │基本行政法规│────────┤────《建设工程安全生产管理条例》──────┤
                    └────────┘         └────……共10部──────────────────┘
   ┌──────┐         ┌────────┐         ┌────《劳动合同法实施条例》────────────┐
   │ 法规层 │────────┤相关行政法规│────────┤────《工商保险条例》──────────────┤
   └──────┘         └────────┘         └────……共10部──────────────────┘
                    ┌────────┐         ┌────《关于印发安全生产"十二五"规划的通知》┐
                    │法规性文件 │────────┤────《关于开展高速铁路安全大检查的通知》──┤
                    └────────┘         └────……共13部──────────────────┘
```

基本法律
- 《宪法》
- 《建筑法》
- 《安全生产法》

专业性质法规
- 《铁路法》
- 《公路法》

相关法律
- 《消防法》
- 《防震减灾法》
- ……共17部

基本行政法规
- 《安全生产许可证条例》
- 《建设工程安全生产管理条例》
- ……共10部

相关行政法规
- 《劳动合同法实施条例》
- 《工商保险条例》
- ……共10部

法规性文件
- 《关于印发安全生产"十二五"规划的通知》
- 《关于开展高速铁路安全大检查的通知》
- ……共13部

规章层 — 主管部门规章

住建部
- 《房屋建筑和市政基础设施工程质量监督管理规定》
- 《建筑起重机械安全监督管理规定》
- ……共19部

铁道部
- 《铁路建设工程勘察设计管理办法》
- 《铁路建设工程质量管理规定》
- ……共23部

交通运输部
- 《公路建设监督管理规定》
- 《公路工程勘察设计招标投标管理办法》
- ……共17部

水利部
- 《水利工程建设安全生产管理规定》
- 《水库大坝安全鉴定办法》
- ……共14部

规章层 — 主管部门规章

安监总局
- 《生产安全事故信息报告和处置办法》
- 《生产安全事故应急预案管理办法》
- ……共15部

人社部
- 《建设项目（工程）劳动安全卫生监察规定》
- 《企业职工劳动安全卫生教育管理规定》
- 《建设项目（工程）职业安全卫生设施和技术措施验收办法》

公安部
- 《建设工程消防监督管理规定》
- 《消防监督检查规定》

标准、规范层

管理类
- 《城市轨道交通地下工程建设风险管理规范》GB50625-2011
- 《铁路隧道风险评估与管理暂行规定》
- ……共52部

技术类
- 《铁路隧道防排水设计规范》TB10119-2011
- 《铁路隧道施工规范》TB 10204-2002
- ……共278 部

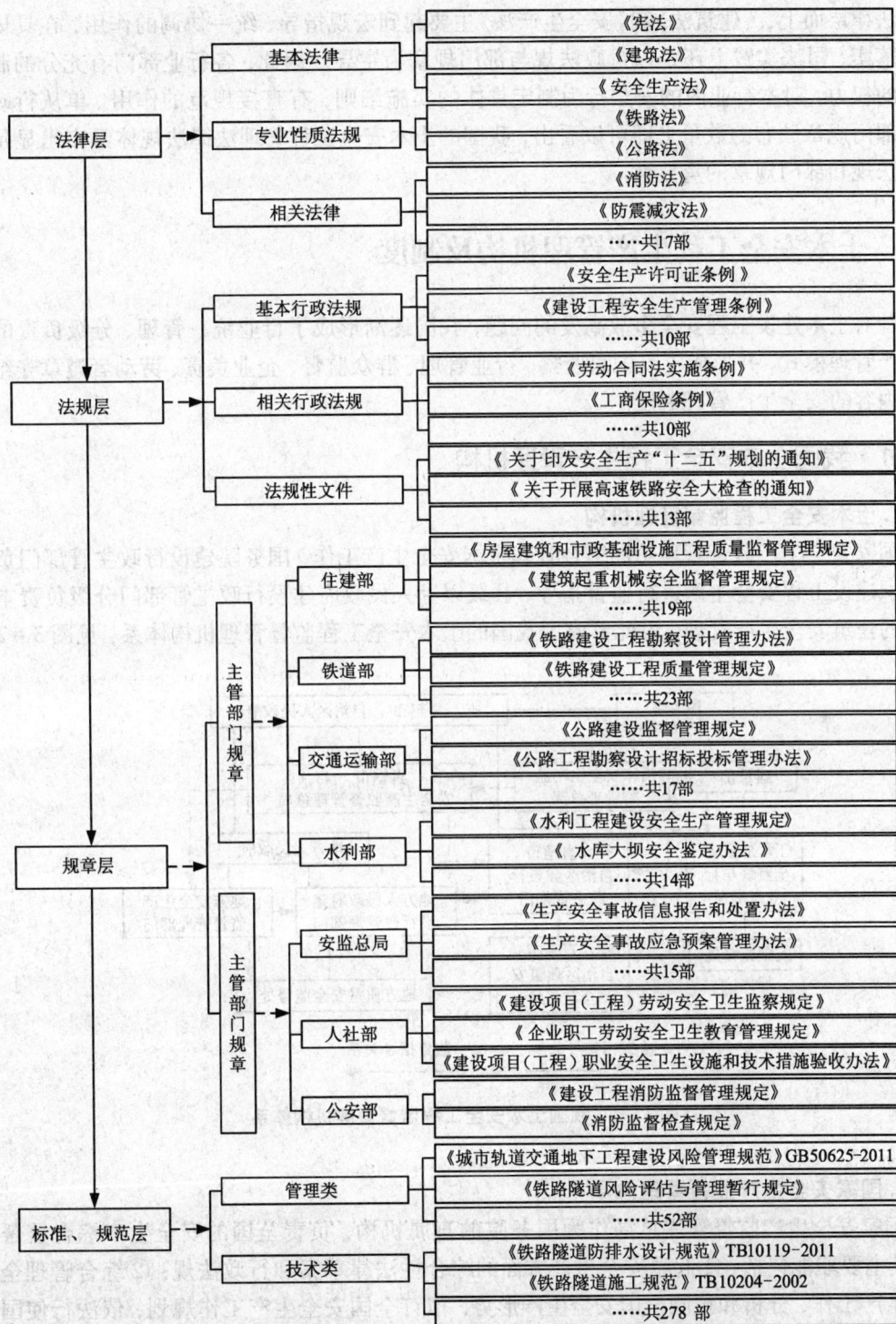

图 3 - 1 我国土木安全工程法律法规体系总体框架

（3）突出行政法规及部门规章的作用

法律层面上，《建筑法》和《安全生产法》主要起到宏观指导、统一协调的作用，在具体的政策落实、司法实践上还是以行政法规与部门规章为主导。因此，各行业部门有充分的制定规章的权力，对本行业内的安全行为制定具体的实施细则，有直接规范的作用，单从行政法规和部门规章颁布的数量上即可以看出，我国的土木安全工程管理法律法规体系突出显示了行政法规和部门规章的重要性。

3.2 土木安全工程生产管理机构及制度

针对土木建设工程安全事故高发的问题，我国逐渐形成了行业统一管理、分级负责的安全生产管理模式，并形成了以国家监察、行业管理、群众监督、企业负责、劳动者遵章守纪为主要内容的安全生产管理制度。

3.2.1 我国土木安全工程生产管理机构

1. 土木安全工程监督管理机构

国家安全生产监督管理总局综合管理全国安全生产工作，国务院建设行政主管部门负责对全国建设工程安全生产进行监督指导，县级以上人民政府建设行政主管部门分级负责本辖区内的建筑安全生产管理，由此形成了我国的土木安全工程监督管理机构体系，见图3-2。

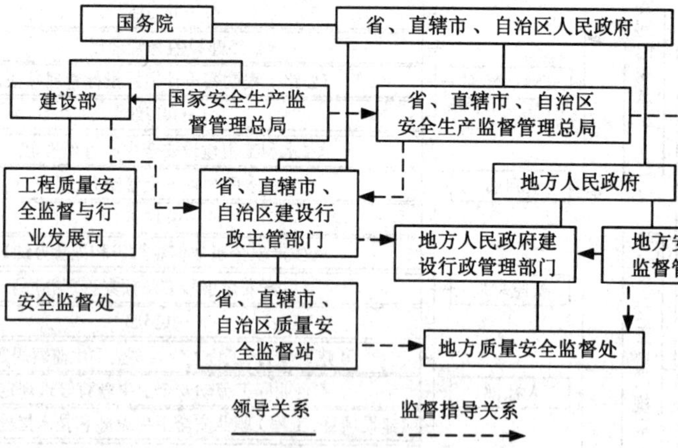

图3-2 我国土木安全工程监督管理机构体系

2. 国家安全生产监督管理总局

国家安全生产监督管理总局作为国务院的直属机构，负责全国的安全生产综合监督管理，其主要职能包括：①起草安全生产方面的综合性法律草案和行政法规；②综合管理全国安全生产工作，分析和预测全国安全生产形势，拟订全国安全生产工作规划，依法行使国家安全生产监督管理职权；③发布全国安全生产信息，综合管理全国伤亡事故统计工作，组织、协调重大、特大事故的调查处理，受国务院委托对特大事故调查报告进行批复等。

3. 建设部

建设部作为国家建设行政主管部门,是行业安全管理的最高行政机构,接受国家安全生产监督管理总局的监督管理,负责全国建筑安全生产管理。建设部成立了安全生产管理委员会,并且明确了建设部各司的安全生产工作职责。

建设部的主要职责包括:①贯彻执行国家有关安全生产的法律、法规和方针、政策,起草或制定建筑安全生产管理的法规、标准;②统一监督管理全国工程建设方面的安全生产工作,完善建筑安全审查的组织保证体系;③制订建筑安全生产管理的中、长期规划和近期目标,组织建筑安全生产技术的开发和推广应用;④指导和监督省、自治区、直辖市人民政府建筑行政主管部门开展建筑安全生产的行业监督管理工作;⑤统计全国建筑职工因工伤亡人数,掌握并发布全国建筑安全生产动态;⑥负责对申报资质等级的企业或国家一级、二级企业以及国家或部级先进建筑企业进行安全资格审查或者审批,行使安全生产否决权;⑦组织全国建筑安全生产检查,总结交流建筑安全生产管理经验,并表彰先进;⑧检查和督促工程建设重大事故的调查处理,组织或者参与对工程建设特别重大事故的调查。

4. 地方土木安全工程生产监督机构

全国多数地区设立了专门的建设工程安全生产监督机构,受建设行政主管部门委托负责对本辖区内安全生产进行监督管理,开展日常监督检查和管理工作,少数地区建设行政主管部门没有设置安全监督机构,依然由建设行政主管部门有关处室负责具体的监督管理。

3.2.2　我国土木安全工程生产管理制度

目前,我国实行国家监察、行业管理、群众监督、企业负责、劳动者遵章守纪的安全生产管理制度。

1. 国家监察

国家监察是由国家授权某政府部门对各类具有独立法人资格的生产经营单位执行安全法规的情况进行监督和检查,用法律的强制力量推动安全生产方针、政策的正确实施,具有法律的权威性和特殊的行政法规地位;同时,监察必须依法进行,监察机构、人员依法设置,执法不干预企业内部事务,监察按程序实施。

安全监察对象主要包括重点岗位人员(厂长、矿长、班组长、特种作业人员)、特种作业场所和有害工序、特殊产品的安全认证三大类,监察具有强制性、执法性、全面性、宏观性等性质。

国家的安全监察工作,在 1988 年以前由国家劳动部负责;1998 年国务院机构改革后,全国劳动安全监察工作由原国家经济贸易委员会安全生产局负责;2003 年 3 月,原国家经济贸易委员会安全生产局升格为国家安全生产监督管理局;2005 年 2 月 28 日,国家安全生产监督管理局升格为国家安全生产监督管理总局,下设国家煤矿安全监察局,以加强国家对全国安全生产的监督管理。

总体上讲,政府部门的安全监督职责主要有以下方面:①宣传、贯彻、执行有关安全生产的法律、法规,按照法定权限制订建设工程安全生产管理规章和技术标准;②依法对建设工程从业单位安全生产条件实施监督管理,组织施工单位的主要负责人、项目负责人、专职安全生产管理人员的考核管理工作;③建立建设工程安全生产应急管理机制,制订重大安全生产事故应急预案;④建立建设工程从业单位安全生产信用体系,作为行业信用体系建设的一部分，对从业单位和人员实施安全生产动态管理；⑤受理建设工程安全生产方面的举报和投诉，依法对建设工程安全生产实施监督检查和相应的行政处罚；⑥依法组织或者参与调查处理生产安全事故，按照职责权限对建设工程生产安全事故进行统计分析，发布建设工程安全生产动态信息；省级主管部门负责向建设部和国务院其他有关部门报送事故信息；⑦指导下级主管部门开展建设工程安全生产监督管理工作；⑧组织建设工程安全生产技术研究和先进技术推广应用；⑨开展建设工程安全生产经验交流，普及安全生产知识；⑩法律、法规规定的其他职责。

2. 行业管理

行业管理是连接政府与企业的桥梁，其基本职责包括：①贯彻国家安全生产方针、政策、法规、标准，制定本行业的具体安全规章和规范，并组织实施；②实现安全目标管理，制定本行业安全生产的长期规划和年度计划，确定行业安全方针、目标、措施和实施办法，并将其纳入企业绩效的考核系统；③在重大经济、技术决策中，提出有关安全生产的要求和内容，组织和指导企业制订、落实安全措施计划，督促企业改善劳动条件；④在新建、改建、扩建工程和引进技术、技术改造中，督导企业贯彻执行主体工程与安全设施"三同时"的规定（同时设计、同时施工、同时投产使用）；在新产品、新工艺、新材料的开发应用中，执行有关安全的规定；⑤参与组织对本行业的职工进行安全思想教育和安全知识培训工作，组织行业企业管理人员和安全管理专职人员的安全教育；⑥组织和参与行业伤亡事故的调查处理，协调国家监察部门查处违章违法行为；⑦组织行业内的安全检查和评价，表彰安全生产先进单位和个人，总结和交流安全生产经验。

3. 群众监督

群众监督是指企业职工通过各级工会或职工代表大会等组织，监督和协助各级行政领导，贯彻执行安全生产方针、政策、法规，不断完善劳动条件，做好安全管理工作。群众监督不具有国家监察的强制效力，但它是国家安全监察的有效补充，群众监督可以成为企业自我约束机制的重要力量。

随着我国社会主义市场经济体制的发展和完善，群众监督顺应时代的要求，已发展成为包括工会民主监督在内的社会舆论监督、公众举报监督和社区报告监督相结合的群众监督网络。

4. 企业安全管理

企业安全管理的基本原则是管生产必须管安全，做到层层有人管，事事有人抓。企业安全管理方法主要有分级管理、分系统管理，并做到安全管理组织机构的协调统一。

分级管理一般分三个层次，即厂级（或企业级）、车间级（或项目级）、班组级。各级工作的重点如下：①厂级或企业级，其职能是决策和指挥；②车间级或项目级安全管理，其职能是进行本部门的日常管理；③班组级安全管理，其职能是具体执行安全管理的具体事项。三级安全管理的主要工作，也是安全生产三级培训的重点。

分系统管理是指企业根据自身组织机构的构成和业务特点，将企业分为若干安全管理系统，如生产系统、技术系统、设备动力系统、总务系统、人事教育系统、财务系统等。各业务系统的主管领导即为安全管理负责人，对本系统安全工作负责。

在实际工作中，企业负责、行业管理、国家监察、群众监督、劳动者遵章守纪的安全生产管理体制逐步发展成下面的六项基本制度：①安全生产责任制度（包括建筑活动主体的负责人责任制,建筑活动主体的职能机构或职能处室负责人及其工作人员的安全生产责任制,岗位人员安全生产责任制);②群防、群治制度(包括企业职工遵章守纪和检举揭发);③安全生产教育培训制度;④安全生产检查制度;⑤伤亡事故报告制度;⑥安全责任追究制度。

3.3　《中华人民共和国安全生产法》概要

《中华人民共和国安全生产法》(以下简称《安全生产法》)于 2002 年 6 月 29 日由第九届全国人民代表大会常务委员会第二十八次会议通过,2002 年 11 月 1 日起实施。它是我国第一部全面规范安全生产的专门法律,也是安全生产法制建设的一个里程碑。

3.3.1　《安全生产法》的目的与意义

《安全生产法》作为我国安全生产法律体系的主题法,立法目的是加强安全生产监督管理,防止和减少生产安全事故,保障人民群众生命和财产安全,促进经济发展。

它的主体内容包括总则、生产经营单位的安全保障、从业人员的权利和义务、安全生产的监督管理、安全生产事故的应急救援与调查处理以及相关法律责任,共六个部分,基本结构见图 3 – 3。

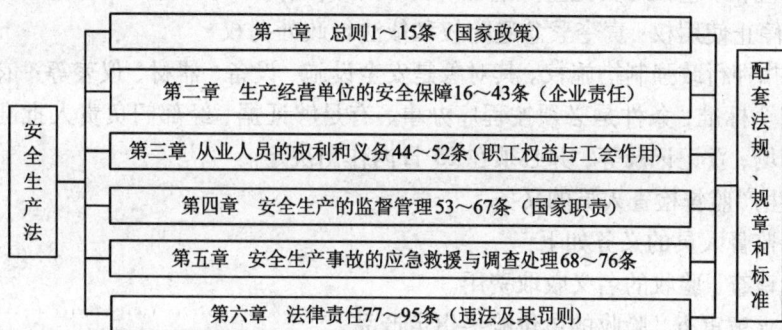

图 3 – 3　《安全生产法》基本结构

从内容上,《安全生产法》的特点表现在:强制性的规范多,禁止性的规范多,义务性的规范多,责任规定明确,处罚严明。

一方面,它规范了生产经营单位的安全生产行为,明确生产经营单位主要负责人的安全生产责任及建立安全生产管理制度;明确了从业人员在安全生产方面的权利和义务,规范从业人员安全作业行为,保护从业人员的合法权益,保障人民群众的人身安全和健康;另一方面,明确各级人民政府的安全生产责任,加强安全生产监管,减少和防止生产安全事故;规范从事安全评价、咨询、检测、检验中介机构的行为,加强安全生产社会舆论媒体监督;建立生产安全事故应急救援体系,强化责任追究。

所以,《安全生产法》是各级安全监督管理部门依法行政的需要,是预防和减少事故、保护人民群众生命和财产安全的需要,是依法制裁安全生产违法犯罪的需要,更是建立和完善我国安全生产法律体系的需要。

3.3.2 我国安全生产的基本法律制度

《安全生产法》明确了我国安全生产的基本制度：安全生产监督管理制度、生产经营单位安全保障条件与生产经营单位负责人安全责任制度、从业人员安全生产权利义务制度、安全中介服务制度、安全生产责任追究与事故应急救援和处理制度。

1. 安全生产监督管理制度

我国实行安全生产监督管理制度，各级人民政府和安全生产监督管理部门以及其他有关部门负责各自管辖范围的安全监督管理职责，主要要求包括以下方面：安全监督检查人员应当忠于职守，坚持原则，秉公执法；执行监督检查任务时，必须出示有效的监督执法证件；对涉及被检查单位的技术秘密和业务秘密，应当为其保密，并应当将检查的时间、地点、内容、发现的问题及处理情况，作出书面记录，并由检查人员和被检查单位的负责人签字，被检查单位的负责人拒绝签字的，检查人员应当将情况记录在案，并向负有安全生产监督管理职责的部门报告。

（1）安全生产监督检查人员的职权

①现场调查权。安全生产监督检查人员可以进入生产经营单位进行现场调查，单位不得拒绝，有权向被检查单位调阅资料，向有关人员（负责人、管理人员、技术人员）了解情况。

②现场处理权。包括对安全生产违法作业当场纠正，对现场查出的隐患责令限期改正，停产、停业或停止使用权；责令紧急避险权和依法行政处罚权。

③查封、扣押行政强制措施权。其对象是安全设施、设备、器材、仪表等；依据是不符合国家或行业安全标准；条件是必须按程序办事、有足够证据、经部门负责人批准、通知被查单位负责人到场、登记记录等，并必须在15日内作出决定。

（2）安全生产监督检查人员的义务

安全生产监督人员的义务如下：

①禁止以审查、验收的名义收取费用。

②禁止要求被审查、验收的单位购买指定产品。

③必须忠于职守、坚持原则、秉公执法。

④监督检查时须出示有效的监督执法证件。

⑤对涉及被检查单位的技术秘密和业务秘密，应当为其保密。

（3）社区基层组织和新闻媒体的安全生产监督、揭发权

①工会民主监督。工会有权对建设项目的安全设施与主体工程同时设计、同时施工、同时投入生产和使用的情况进行监督，提出意见。

②社会舆论监督。新闻、出版、广播、电影、电视等单位有对违反安全生产法律、法规的行为进行舆论监督的权利。

③公众举报监督。任何单位或者个人对事故隐患、安全生产违法行为，均有权向负有安全生产监督管理职责的部门报告或者举报。

④社区报告监督。居民委员会、村民委员会发现其所在区域的生产经营单位存在事故隐患或者安全生产违法行为时，有权向当地人民政府或者有关部门报告。

2. 生产经营单位安全保障条件与生产经营单位负责人安全责任制度

根据生产经营单位安全保障条件与生产经营单位负责人安全责任制度要求，一方面，生

产经营单位具备相应的安全生产条件，配备相应的安全管理机构和人员，加强从业人员安全生产专业资质管理与培训，进行安全生产条件论证与评价，建立、健全职工职业社会工伤保险等；另一方面，生产经营单位主要负责人、安全生产管理人员必须具备相应资质并在其工作中负主要职责。

（1）生产经营单位保障安全生产的必备条件

生产经营单位应当具备《安全生产法》和有关法律、行政法规和国家标准或者行业标准规定的安全生产条件才能从事生产经营活动。

（2）生产经营单位主要负责人的安全生产职责

①建立、健全本单位安全生产责任制。

②组织制定本单位安全生产规章制度和操作规程。

③保证本单位安全生产投入的有效实施。

④督促、检查本单位的安全生产工作，及时消除生产安全事故隐患。

⑤组织制定并实施本单位的安全生产事故应急救援预案。

⑥及时、如实报告生产安全事故。

（3）生产经营单位安全生产的基本条件

1）生产经营单位安全生产投入

①生产经营单位应当具备安全生产条件所必需的资金投入。

②矿山、建筑施工单位和危险物品的生产、经营、储存单位，应当设置安全生产管理机构或者配备专职安全生产管理人员。

③生产经营单位应当安排用于配备劳动防护用品、进行安全生产培训的经费。

④生产经营单位必须依法参加工伤社会保险，为从业人员缴纳保险费。

2）生产经营单位安全培训

①危险物品的生产、经营、储存单位以及矿山、建筑施工单位的主要负责人和安全生产管理人员，应当由有关部门对其进行安全生产知识和管理能力的考核，合格后方可任职。

②生产经营单位的主要负责人和安全生产管理人员必须具备与本单位所从事的生产经营活动相应的安全生产知识和管理能力。

③生产经营单位应当对从业人员进行安全生产教育和培训，保证从业人员具备必需的安全生产知识，熟悉有关的安全生产规章制度和安全操作规程，掌握本岗位的安全操作技能。未经安全生产教育和培训，以及考核不合格的从业人员，不得上岗作业。

④生产经营单位采用新工艺、新技术、新材料或者使用新设备，必须了解、掌握其安全技术特性，采取有效的安全防护措施，并对从业人员进行专门的安全生产教育和培训。

⑤生产经营单位的特种作业人员必须按照国家有关规定经专门的安全作业培训，并取得特种作业操作资格证书，方可上岗作业。

⑥生产经营单位应当教育和督促从业人员严格执行本单位的安全生产规章制度和安全操作规程，并向从业人员如实告知作业场所和工作岗位存在的危险因素、防范措施以及事故应急措施。

⑦生产经营单位必须为从业人员提供符合国家标准或者行业标准的劳动防护用品，并督促、教育从业人员按照使用规则佩戴、使用。

3）安全生产规程

①生产经营单位应当在有较大危险因素的生产经营场所和有关设施、设备上，设置明显的安全警示标志。

②安全设备的设计、制造、安装、使用、检测、维修、改造和报废，应当符合国家标准或者行业标准。

③生产经营单位必须对安全设备进行经常性的维护、保养，并定期检测，保证正常运转；维护、保养、检测应当做好记录，并由有关人员签字。

④生产经营单位不得使用国家明令淘汰、禁止使用的危及生产安全的工艺、设备。

⑤生产、经营、运输、储存、使用危险物品或者处置废弃危险物品，必须由有关部门依照有关法律、法规的规定和国家标准或者行业标准审批并实施监督管理。

⑥生产经营单位对重大危险源应当登记建档，进行定期检测、评估、监控，并制定紧急预案，告知从业人员和相关人员在紧急情况下应当采取的应急措施。

⑦生产经营单位应当按照国家有关规定将本单位重大危险源及有关安全措施、应急措施报有关地方人民政府负责安全生产监督管理部门和有关部门备案。

⑧生产经营单位进行爆破、吊装等危险作业时，应当安排专门人员进行现场安全管理，确保操作规程的遵守和安全措施的落实。

3. 从业人员安全生产权利义务制度

《安全生产法》明确规定生产经营单位的从业人员在生产经营活动中的基本权利和义务，以及应当承担的法律责任。

(1)安全生产中从业人员的权利

①知情权，即有权了解其作业场所和工作岗位存在的危险因素、防范措施和事故应急措施。

②建议权，即有权对本单位的安全生产工作提出建议。

③批评权、检举、控告权，即有权对本单位安全生产管理工作中存在的问题提出批评、检举、控告。

④拒绝权，即有权拒绝违章作业、违章指挥、强令冒险作业。

⑤紧急避险权，即发现有直接危及人身安全的紧急情况时，有权停止作业或者在采取可能的应急措施时撤离作业场所。

⑥有依法向本单位提出赔偿要求权。

⑦获得符合国家标准或者行业标准规定的劳动防护用品的权利。

⑧获得安全教育培训的权利。

(2)安全生产中从业人员的义务

①自律遵规，即从业人员在作业过程中，应当遵守本单位的安全生产规章制度和操作规程，服从管理，正确佩戴和使用劳动防护用品。

②自觉学习安全生产知识，掌握本职工作所需安全生产知识，提高安全生产技能，增强事故预防和应急处理能力。

③危险报告义务，即发现事故隐患或者其他不安全因素时，应当立即向安全生产管理人员或本单位负责人报告。

4. 安全中介服务制度

从事安全评价、评估、检测、检验、咨询服务等工作的安全中介机构，应当具备国家规定的资质条件，并对其作出的安全评价、认证、检测、检验的结果负责；承担安全评价、认证、检测、检验的安全专业技术人员，应当具备相应的技术资格条件，并对其检测、检验、安全评价的结果负责。

5. 安全生产责任追究与事故应急救援和处理制度

（1）安全生产事故应急救援

①县级以上各级政府组织有关部门制定本行政区域内特大生产安全事故应急救援预案，建立应急救援体系。

②危险物品的生产、经营、储存单位以及矿山、建筑施工单位应建立应急救援组织；生产经营规模较小，可以不建立应急救援组织，但应当指定兼职的应急救援人员。

③危险物品的生产、经营、储存单位以及矿山、建筑施工单位应配备必要的应急救援器材、设备，并进行经常性维护、保养，保证正常运转。

（2）生产事故报告

①生产经营单位发生事故后，事故现场有关人员应立即报告本单位负责人；单位负责人接到事故报告后，应迅速采取有效措施，组织抢救，防止事故扩大，减少人员伤亡和财产损失，并按照规定立即如实报告当地安监部门，不得隐瞒不报、谎报或者拖延不报，不得故意破坏事故现场、毁灭有关证据。

②负有安全生产监督管理职责的部门接到事故报告后，应立即按照国家有关规定上报事故情况；负有安全生产监督管理职责的部门和地方政府对事故情况不得隐瞒不报、谎报或者拖延不报。

③负有安全生产监督管理职责的部门负责人和地方政府接到重大生产安全事故报告后，应当立即赶到事故现场，组织事故抢救。任何单位和个人都应当支持、配合事故抢救，并提供一切便利条件。

（3）安全生产事故调查处理

①事故调查处理应当按照实事求是，尊重科学的原则，及时、准确地查清事故原因，查明事故性质和责任，总结事故教训，提出整改措施，并对事故责任者提出处理意见。

②生产经营单位发生生产安全事故，经调查确定为责任事故的，除了应查明事故单位的责任并依法予以追究外，还应查明负有审批和监督职责的行政部门的责任，对有失职、渎职行为的，依法追究法律责任。

③任何单位和个人不得阻挠和干涉对事故的依法调查处理。

④县级以上安监部门定期统计分析安全生产事故的情况，并定期向社会公布。

3.4 《建设工程安全生产管理条例》概要

《建设工程安全生产管理条例》（以下简称《管理条例》）于2003年11月12日由国务院第二十八次常务会议通过，自2004年2月1日起施行。《管理条例》的立法目的在于加强建设工程安全生产监督管理，保障人民群众生命和财产安全。它是依据《中华人民共和国安全生产法》《中华人民共和国建筑法》制定的，进一步明确了建设工程安全生产的责任制度以及工程建设主体机构的职责、权利、义务以及相应的法律责任。

3.4.1 建设工程安全生产基本制度

1. 安全生产责任

安全生产责任制度(包括建筑活动主体的负责人责任制、建筑活动主体的职能机构或职能处室负责人及其工作人员的安全生产责任制、岗位人员安全生产责任制)是指将各种不同的安全责任落实到负有安全管理责任的人员和具体岗位人员身上的一种制度,是建设工程生产中最基本的安全管理制度,是所有安全规章制度的核心。这一制度是"安全第一,预防为主"方针的具体体现。安全责任制度的主要内容包括:

①从事建筑活动主体的负责人责任制,如施工单位的法定代表人要对本企业的安全负主要的安全责任。

②从事建筑活动主体的职能机构或职能处室的负责人及其工作人员要对安全负责,如施工单位根据需要设置的安全处室或者专职安全人员要对安全负责。

③从事建筑生产活动的岗位人员的安全生产责任制,即从事建筑生产活动的岗位人员必须对安全负责;从事特种作业的人员必须经过培训,经过考试合格后方能持证上岗作业。

2. 群防群治制度

群防群治制度(包括企业职工遵章守纪和检举揭发)是指职工群众进行预防和治理安全的一种制度。这一制度是"安全第一,预防为主"方针的具体体现,同时也是群众路线在安全工作中的具体体现,是企业进行民主管理的重要内容;这一制度要求建筑企业职工在施工中遵守有关安全生产的法律、法规和建筑行业安全规章、规程,不得违章作业;对于危及生命安全和身体健康的行为有权提出批评、检举和控告。

3. 安全生产教育培训制度

安全生产教育培训制度是对广大建筑干部职工进行安全教育培训,增强安全意识,掌握安全知识和技能的制度。安全生产,人人有责,只有通过对广大职工进行安全教育、培训,才能使广大职工真正认识到安全生产的重要性、必要性,才能使广大职工掌握更多、更有效的安全生产的科学知识,牢固树立安全第一的思想,自觉遵守各项安全生产的规章制度。对建筑安全事故的分析表明,有关人员安全意识不强、安全技能差是发生安全事故的主要原因,而安全意识不强、安全技能差正是缺乏安全教育培训工作的后果。

4. 安全生产检查制度

安全生产检查制度,是上级管理部门、企业自身或者社会保险机构等对安全生产状况进行的定期、不定期检查的制度。通过检查可以发现问题,查出隐患,从而采取有效措施,堵塞漏洞,把事故消灭在发生之前,做到防患于未然,是"安全第一,预防为主"方针的具体体现。通过检查,还可以总结出好的经验加以推广,为进一步搞好安全生产打下基础。

5. 伤亡事故报告制度

施工中发生事故时,建筑企业应当采取紧急措施减少人员伤亡和事故损失,并按照国家有关规定及时向有关部门报告。事故处理必须遵循一定的程序,做到"三不放过"(事故原因不清不放过、事故责任者和群众没有受到教育不放过、没有防范措施不放过)。通过对事故的严格处理,总结出教训,为相关规章制度的完善提供素材,起到亡羊补牢的作用。

6. 安全责任追究制度

建设单位、设计单位、施工单位、监理单位由于没有履行职责而造成人员伤亡和财产损失的，视情节给予相应处理；情节严重的，责令停业整顿，降低资质等级或吊销资质证书；构成犯罪的，依法追究刑事责任。

3.4.2　建设工程主体单位安全生产管理的主要责任和义务

1. 建设单位

（1）建设单位应当向施工单位提供有关资料

建设单位应当向施工单位提供施工现场及毗邻区域内供水、排水、供电、供气、供热、通信、广播电视等地下管线资料，气象和水文观测资料，相邻建筑物和构筑物、地下工程的有关资料，并保证资料的真实、准确、完整。同时，建设单位因建设工程需要，向有关部门或者单位查询的资料时，有关部门或者单位应当及时提供；如果因为建设单位提供资料的不真实、不准确、不完整导致施工单位损失，施工单位可以向建设单位要求赔偿。

（2）建设单位要依法履行合同

建设单位与勘察、设计、施工、工程监理等单位都是完全平等的合同双方的关系，不存在建设单位是这些单位的管理单位的关系。其对这些单位的要求必须要以合同为根据并不得触犯相关的法律、法规；并且，建设单位不得对勘察、设计、施工、工程监理等单位提出不符合建设工程安全生产法律、法规和强制性标准规定的要求，不得压缩合同约定的工期。

（3）建设单位应当保证安全生产的投入

建设单位在编制工程概算时，应当确定建设工程安全作业环境及安全施工措施所需费用。

（4）建设单位不得推销劣质材料或设备

建设单位不得明示或者暗示施工单位购买、租赁、使用不符合安全施工要求的安全防护用具、机械设备、施工机具及配件、消防设施和器材。

（5）办理施工许可证及提供安全施工措施资料

建设单位在申请领取施工许可证时，应当提供建设工程有关安全施工措施的资料；依法批准开工报告的建设工程，建设单位应当自开工报告批准之日起15日内，将保证安全施工的措施报送建设工程所在地的县级以上地方人民政府建设行政主管部门或者其他有关部门备案。

（6）对拆除工程进行备案

建设单位应当将拆除工程发包给具有相应资质等级的施工单位。建设单位应当在拆除工程施工15日前，将下列资料报送建设工程所在地的县级以上地方人民政府建设行政主管部门或者其他有关部门备案：①施工单位资质等级证明；②拟拆除建筑物、构筑物及可能危及毗邻建筑的说明；③拆除施工组织方案；④堆放、清除废弃物的措施。

2. 勘察设计单位

（1）勘察单位的安全责任

勘察单位应当按照法律、法规和工程建设强制性标准进行勘察，提供的勘察文件应当真实、准确，满足建设工程安全生产的需要。勘察单位在勘察作业时，应当严格执行操作规程，采取措施保证各类管线、设施和周边建筑物、构筑物的安全。

（2）设计单位的责任

设计单位应当按照法律、法规和工程建设强制性标准进行设计，防止因设计不合理导致生产安全事故的发生；同时，设计单位应当考虑施工安全操作和防护的需要，对涉及施工安全的重点部位和环节在设计文件中注明，并对防范生产安全事故提出指导性意见；采用新结构、新材料、新工艺的建设工程和特殊结构的建设工程，设计单位应当在设计中提出保障施工作业人员安全和预防生产安全事故的措施建议；设计单位和注册建筑师等注册执业人员应当对其设计负责。

3. 建设工程监理单位

工程监理单位应当审查施工组织设计中的安全技术措施或者专项施工方案是否符合工程建设强制性标准。工程监理单位在实施监理过程中，发现存在安全事故隐患的，应当要求施工单位整改；情况严重的，应当要求施工单位暂时停止施工，并及时报告建设单位。施工单位拒不整改或者不停止施工的，工程监理单位应当及时向有关主管部门报告。

同时，工程监理单位和监理工程师应当按照法律、法规和工程建设强制性标准实施监理，并对建设工程安全生产承担监理责任。

4. 施工企业

（1）安全生产资质条件

施工单位从事建设工程的新建、扩建、改建和拆除等活动，应当具备国家规定的注册资本、专业技术人员、技术装备和安全生产等条件，依法取得相应等级的资质证书，并在其资质等级许可的范围内承揽工程。

（2）施工总承包单位与分包单位安全责任的划分

建设工程实行施工总承包的，由总承包单位对施工现场的安全生产负总责。

总承包单位应当自行完成建设工程主体结构的施工；总承包单位依法将建设工程分包给其他单位的，分包合同中应当明确各自在安全生产方面的权利、义务；总承包单位和分包单位对分包工程的安全生产承担连带责任。分包单位应当服从总承包单位的安全生产管理，分包单位不服从管理导致生产安全事故的，由分包单位承担主要责任。

（3）施工单位安全生产责任制

施工单位主要负责人依法对本单位的安全生产工作全面负责：施工单位应当建立、健全安全生产责任制度和安全生产教育培训制度，制定安全生产规章制度和操作规程，保证本单位安全生产条件所需资金的投入，对所承担的建设工程进行定期和专项安全检查，并做好安全检查记录。

（4）施工单位安全生产基本保障措施

1）安全生产费用专款专用

施工单位对列入建设工程概算的安全作业环境及安全施工措施所需费用，应当用于施工安全防护用具及设施的采购和更新、安全施工措施的落实、安全生产条件的改善，不得挪作他用。

2）安全生产管理机构与人员设置

施工单位应当设立安全生产管理机构，配备专职安全生产管理人员；专职安全生产管理人员负责对安全生产进行现场监督检查，发现安全事故隐患，应当及时向项目负责人和安全生产管理机构报告；对违章指挥、违章操作的，应当立即制止。

3）安全生产技术措施及专项施工方案编制的规定

施工单位应当在施工组织设计中编制安全技术措施和施工现场临时用电方案，对达到一定规模的危险性较大的分部分项工程编制专项施工方案，并附有安全验算结果，经施工单位技术负责人、总监理工程师签字后实施，由专职安全生产管理人员进行现场监督主要包括：基坑支护与降水工程；土方开挖工程；模板工程；起重吊装工程；脚手架工程；拆除、爆破工程；国务院建设行政主管部门或者其他有关部门规定的其他危险性较大的工程。

同时，施工单位应当根据不同施工阶段和周围环境及季节、气候的变化，在施工现场采取相应的安全施工措施。对暂时停止施工的施工现场，施工单位应当做好现场防护工作，所需费用由责任方承担，或者按照合同约定执行。

4）对安全施工技术交底的规定

建设工程施工前，施工单位负责项目管理的技术人员应当将有关安全施工的技术要求向施工作业班组、作业人员作出详细说明，并由双方签字确认。

5）安全标志设置

施工单位应当在施工现场入口处、施工起重机械、临时用电设施、脚手架、出入通道口、楼梯口、电梯井口、孔洞口、桥梁口、隧道口、基坑边沿、爆破物及有害危险气体和液体存放处等危险部位，设置明显的安全警示标志；安全警示标志必须符合国家标准。

6）保证施工现场生产及生活环境

施工单位应当将施工现场的办公、生活区与作业区分开设置，并保持安全距离；办公、生活区的选址应当符合安全性要求；职工的膳食、饮水、休息场所等应当符合卫生标准；施工单位不得在尚未竣工的建筑物内设置员工集体宿舍；在施工现场临时搭建的建筑物应当符合安全使用要求，施工现场使用的装配式活动房屋应当具有产品合格证。

7）环境问题防范措施

施工单位对因建设工程施工可能造成损害的毗邻建筑物、构筑物和地下管线等，应当采取专项防护措施；施工单位应当遵守有关环境保护法律、法规的规定，在施工现场采取措施，防止或者减少粉尘、废气、废水、固体废弃物、噪声、振动和施工照明对人和环境的危害和污染；并且，在城市市区内的建设工程，施工单位应当对施工现场实行封闭围挡。

8）施工现场消防安全保障

施工单位应当在施工现场建立消防安全责任制度，确定消防安全责任人，制定用火、用电、使用易燃易爆材料等各项消防安全管理制度和操作规程，设置消防通道、消防水源，配备消防设施和灭火器材，并在施工现场入口处设置明显标志。

9）劳动安全管理

施工单位应当向作业人员提供安全防护用具和安全防护服装，并书面告知危险岗位的操作规程和违章操作的危害；作业人员有权对施工现场的作业条件，作业程序和作业方式中存在的安全问题提出批评、检举和控告，有权拒绝违章指挥和强令冒险作业；在施工中发生危及人身安全的紧急情况时，作业人员有权立即停止作业或者在采取必要的应急措施后撤离危险区域。

同时，作业人员应当遵守安全施工的强制性标准、规章制度和操作规程，正确使用安全防护用具、机械设备等；施工单位应当为施工现场从事危险作业的人员办理意外伤害保险。意外伤害保险费由施工单位支付，实行施工总承包的，由总承包单位支付意外伤害保险费。意外伤害保险期限自建设工程开工之日起至竣工验收合格止。

10）安全防护用品及机械设施的安全管理

施工单位采购、租赁的安全防护用具、机械设备、施工机具及配件，应当具有生产（制造）许可证、产品合格证，并在进入施工现场前进行查验；施工现场的安全防护用具、机械设备、施工机具及配件必须由专人管理，定期进行检查、维修和保养，建立相应的资料档案，并按照国家有关规定及时报废；施工单位在使用施工起重机械和整体提升脚手架、模板等自升式架设设施前，应当组织有关单位进行验收，也可以委托具有相应资质的检验检测机构进行验收；使用承租的机械设备和施工机具及配件的，由施工总承包单位、分包单位、出租单位和安装单位共同进行验收，验收合格后方可使用。

《特种设备安全监察条例》规定的施工起重机械，在验收前应当经有相应资质的检验检测机构监督检验合格；施工单位应当自施工起重机械和整体提升脚手架、模板等自升式架设设施验收合格之日起 30 日内，向建设行政主管部门或者其他有关部门登记；登记标志应当置于或者附着于该设备的显著位置。

3.4.3　建设工程相关单位安全生产的主要责任和义务

由于建设工程现场使用的相关设备较多，《管理条例》对提供相关设备，特别是大型特种设备的相关单位的责任也做了明确规定。

①为建设工程提供机械设备和配件的单位，应当按照安全施工的要求配备齐全有效的保险、限位等安全设施和装置；出租的机械设备和施工机具及配件，应当具有生产（制造）许可证、产品合格证；出租单位应当对出租的机械设备和施工机具构配件的安全性能进行检测，在签订租赁协议时，应当出具检测合格证明；禁止出租检测不合格的机械设备和施工机具及配件。

②在施工现场安装、拆卸施工起重机械和整体提升脚手架、模板等自升式架设设施，必须由具有相应资质的单位承担；安装、拆卸施工起重机械和整体提升脚手架、模板等自升式架设设施，应当编制拆装方案、制定安全施工措施，并由专业技术人员现场监督。

③施工起重机械和整体提升脚手架、模板等自升式架设设施的使用达到国家规定的检验检测期限的，必须经具有专业资质的检验检测机构检测；经检测不合格的，不得继续使用；同时，相关设施安装完毕后，安装单位应当自检，出具自检合格证明，并向施工单位进行安全使用说明，办理验收手续并签字。

④检验检测机构对检测合格的施工起重机械和整体提升脚手架、模板等自升式架设设施，应当出具安全合格证明文件，并对检测结果负责。

3.5　《安全生产许可证条例》概要

《安全生产许可证条例》（以下简称《许可证条例》）于 2004 年 1 月 7 日由国务院第三十四次常务会通过，于 2004 年 1 月 13 日起施行，其核心内容是确立安全生产许可制度。围绕这个核心内容，《许可证条例》对安全生产许可证的发放范围、安全生产许可证的颁发管理机关、企业取得安全生产许可证的程序和条件、安全生产许可证颁发管理机关的监督管理职责以及违法行为的法律责任等内容作了明确规定，是进一步严格规范安全生产条件，加大安全生产监管力度的重要法律依据。

3.5.1　安全生产许可制度的适用范围

矿山企业、建筑施工企业，以及危险化学品、烟花爆竹、民用爆破器材等生产企业，未取得安全生产许可证的，不得从事生产经营活动。

3.5.2　取得安全生产许可证的条件

企业取得安全生产许可证，应当具备下列安全生产条件：

①建立、健全安全生产责任制，制定完备的安全生产规章制度和操作规程。

②安全投入符合安全生产要求。

③设置安全生产管理机构，配备专职安全生产管理人员。

④主要负责人和安全生产管理人员经考核合格。

⑤特种作业人员经有关业务主管部门考核合格，取得特种作业操作资格证书。

⑥从业人员经安全生产教育和培训合格。

⑦依法参加工伤保险，为从业人员缴纳保险费。

⑧有职业危害防治措施，并为从业人员配备符合国家标准或者行业标准的劳动防护用品。

⑨有生产安全事故应急救援预案、应急救援组织或者应急救援人员，配备必要的应急救援器材、设备。

3.5.3　取得安全生产许可证的程序

1. 未取得安全生产许可证的企业

对于未取得安全生产许可证的企业，在进行生产前，应当依照《许可证条例》的规定向安全生产许可证颁发管理机关申请领取安全生产许可证，并提供相关文件、资料；安全生产许可证颁发管理机关应当自收到申请之日起 45 日内审查完毕，经审查符合《许可证条例》规定的安全生产条件的，颁发安全生产许可证；不符合《许可证条例》规定的安全生产条件的，不予颁发安全生产许可证，书面通知企业并说明理由。

2. 在《许可证条例》实施前已进行生产的企业

对于《许可证条例》施行前已经进行生产的企业，应当自《许可证条例》施行之日起 1 年内，依照相关规定向安全生产许可证颁发管理机关申请办理安全生产许可证。

3.5.4　安全生产许可证监督管理的规定

1. 不同企业的安全生产许可证的颁发和管理机构

非煤矿山企业和危险化学品、烟花爆竹生产企业安全生产许可证的颁发和管理由国家和省级安全生产监督管理部门负责；煤矿企业安全生产许可证的颁发和管理由国家和省煤矿安全监察机构负责；建筑施工企业安全生产许可证的颁发和管理由国家和省建设主管部门负责，民用爆破器材生产企业安全生产许可证的颁发和管理由国务院国防科技工业主管部门负责。

同时，《许可证条例》明确规定没有取得安全生产许可证擅自生产的，责令其停止生产，没收违法所得，并处 10 万元以上 50 万元以下罚款；造成重大事故或其他严重后果、构成犯罪的，依法追究刑事责任。

2. 安全生产许可证管理机构相关人员的权利与义务

《许可证条例》明确规定了安全生产许可证颁发管理机关工作人员的权利和义务，对于以下相关违法行为，给予降级或者撤职的行政处分，构成犯罪的，依法追究刑事责任：①向不符合《许可证条例》规定的安全生产条件的企业颁发安全生产许可证的；②发现企业未依法取得安全生产许可证擅自从事生产活动，不依法处理的；③发现取得安全生产许可证的企业不再具备《许可证条例》规定的安全生产条件，不依法处理的；④接到对违反《许可证条例》规定行为的举报后，不及时处理的；⑤在安全生产许可证颁发、管理和监督检查工作中，索取或者接受企业的财物，或者谋取其他利益的。

3. 安全生产许可证的有效期

安全生产许可证的有效期为 3 年，有效期满需要延期的企业应当于期满前 3 个月向原安全生产许可证颁发管理机关办理延期手续；企业在安全生产许可证有效期内，严格遵守有关安全生产的法律法规，未发生死亡事故的，安全生产许可证有效期届满时，经原安全生产许可证颁发管理机关同意，不再审查，安全生产许可证有效期延期 3 年。

3.6　国家突发公共事件应急机制

2006 年 1 月 8 日国务院发布了《国家突发公共事件总体应急预案》（以下简称《总体预案》）。总体预案是全国应急预案体系的总纲，是指导预防和处置各类突发公共事件的规范性文件。

3.6.1　《总体预案》的意义和目的

《总体预案》主要是为了提高政府保障公共安全和处置突发公共事件的能力，最大程度地预防和减少突发公共事件及其造成的损害，保障公众的生命财产安全，维护国家安全和社会稳定，促进经济社会全面协调、可持续发展。

《总体预案》的编制，是在认真总结我国历史经验和借鉴国外有益做法的基础上，经过集思广益、科学民主化的决策过程，按照依法行政的要求，并注重结合实践而形成的。

3.6.2　突发公共事件的分类分级

突发公共事件是指突然发生，造成或者可能造成重大人员伤亡、财产损失、生态环境破坏和严重社会危害，危及公共安全的紧急事件。

突发公共事件主要分自然灾害、事故灾难、公共卫生事件、社会安全事件等 4 类。其中，自然灾害主要包括水旱灾害、气象灾害、地震灾害、地质灾害、海洋灾害、生物灾害和森林草原火灾等；事故灾难包括工、矿、商贸等企业的各类安全事故、交通运输事故、公共设施和设备事故、环境污染和生态破坏事件等；公共卫生事件包括传染病疫情、群体性不明原因疾病、食品安全和职业危害、动物疫情以及其他严重影响公众健康和生命安全的事件；社会安全事件主要包括恐怖袭击事件、经济安全事件、涉外突发事件等。

总体来说，按照事件的性质、严重程度、可控性和影响范围等因素，突发公共事件分为 4 级：特别重大的是 I 级；重大的是 II 级；较大的是 III 级；一般的是 IV 级。

3.6.3　红、橙、黄、蓝4级事件预警标志及其规定

突发公共事件预警是一项《总体预案》的重要内容，各地区、各部门通过完善预测预警机制，开展风险分析，并根据预测分析结果进行预警，做到早发现、早报告、早处置，最大程度地减轻突发事件可能造成的后果。

根据突发公共事件可能造成的危害程度、紧急程度和发展态势，把预警级别分为4级，特别严重的是Ⅰ级，严重的是Ⅱ级，较重的是Ⅲ级，一般的是Ⅳ级，依次用红色、橙色、黄色和蓝色表示。

为了使预警信息起到最大的效果，预警内容应该明确、具体，不仅要包括突发事件的类别、预警级别、起始时间、可能的影响范围、警示事项、应采取的措施和发布机关，同时，应采用适当的信息发布形式，包括广播、电视、报刊、通信、信息网络、警报器、宣传车或组织人员逐户通知等方式，同时要关注学校等特殊场所，采取有针对性的公告形式。

根据《总体预案》相关要求，针对突发公共事件的处置遵循以下原则：

1. 发生Ⅰ级或Ⅱ级突发公共事件应在4 h内报告国务院

重大突发公共事件一般会造成严重的后果，在事故发生的第一时间，快速上报以便上级或国家相关部门制定相关对策，能最大程度地减少损失和伤害。

所以，《总体预案》强调：特别重大或者重大突发公共事件发生后，省级人民政府、国务院有关部门要在4 h内向国务院报告，同时通报有关地区和部门应急处置过程中，要及时续报有关情况；在报告的同时，事发地的省级人民政府或者国务院有关部门必须做到"双管齐下"，根据职责和规定的权限启动相关应急预案，及时、有效地进行处置，控制事态发展；对于在境外发生的涉及中国公民和机构的突发事件，《总体预案》要求，我驻外使领馆、国务院有关部门和有关地方人民政府要采取措施控制事态发展，组织应急救援。

2. 突发公共事件消息须第一时间向社会发布

发生突发公共事件后，及时准确地向公众发布事件信息，不仅能够避免公众误信谣传，减少猜测性、歪曲性的报道，更有助于群众了解事实真相，对稳定人心，调动公众积极投身抗灾救灾具有重要意义，更是一种负责任的表现。

所以，《总体预案》要求：突发公共事件的信息发布应当及时、准确、客观，全面；要在事件发生的第一时间向社会发布简要信息，随后发布初步核实情况、政府应对措施和公众防范措施等，并根据事件处置情况做好后续发布工作。

同时，信息发布要积极主动，授权发布、散发新闻稿、组织报道、接受记者采访、举行新闻发布会等发布形式都可以，视具体情况灵活采用；最终保证在整个事件处置过程中，始终有权威、准确、正面的舆论引导公众。

3. 做好受灾群众基本生活保障工作

发生突发公共事件，尤其是自然灾害，人民群众的生活必然会受到影响。因此，《总体预案》明确规定，就是要确保灾区群众有饭吃、有水喝、有衣穿、有住处、有病能得到及时医治。

要做到这些，相关的保障措施必须跟上，比如卫生部门要组建医疗应急专业技术队伍，根据需要及时赴现场开展医疗救治、疾病预防控制，及时为受灾地区提供药品、器械等卫生和医疗设备；应急交通工具要优先安排、优先调度、优先放行，确保运输安全畅通。

4.国务院是突发公共事件应急管理工作最高行政领导机构

《总体预案》明确规定,在党中央的领导下,国务院是突发公共事件应急管理工作的最高行政领导机构。

在国务院总理领导下,由国务院常务会议和国家相关突发公共事件应急指挥机构负责突发公共事件的应急管理工作;必要时,派出国务院工作组指导有关工作;国务院办公厅设国务院应急管理办公室,履行值守应急、信息汇总和综合协调职责,发挥运转枢纽作用;国务院有关部门依据有关法律、行政法规和各自职责,负责相关类别突发公共事件的应急管理工作;地方各级人民政府是本行政区域突发公共事件应急管理工作的行政领导机构。同时,根据实际需要聘请有关专家组成专家组,为应急管理提供决策建议。

这样就形成了"统一指挥、分级负责、协调有序、运转高效"的应急联动体系,可以使日常预防和应急处置有机结合,常态和非常态有机结合,从而减少运行环节,降低行政成本,提高快速反应能力。

5.迟报、谎报、瞒报和漏报要追究责任

针对突发公共事件中的迟报、谎报、瞒报和漏报行为以及应急管理工作中的失职、渎职行为,《总体预案》明确规定:要依法对有关责任人给予行政处分;构成犯罪的,依法追究刑事责任。

同时,对于应急管理工作做得好,《总体预案》规定:对突发公共事件应急管理工作中做出突出贡献的先进集体和个人要给予表彰和奖励。

6.应急预案框架体系共分6个层次,分别明确责任归属

《总体预案》按照不同的责任主体,把全国突发公共事件应急预案体系设计为6个层次:《总体预案》、专项应急预案、部门应急预案、地方应急预案、企事业单位应急预案以及重大活动主办单位预案。

其中,《总体预案》是全国应急预案体系的总纲,适用于跨省级行政区域,或超出事发地省级人民政府处置能力的,或者需要由国务院负责处置的特别重大突发公共事件的应对工作;专项应急预案主要是国务院及其有关部门为应对某一类型或某几个类型突发公共事件而制定的应急预案,由主管部门牵头会同相关部门组织实施;部门应急预案由制定部门负责实施;地方应急预案指的是省、市(地)、县及其基层政权组织的应急预案,明确各地政府是处置发生在当地突发公共事件的责任主体;企事业单位应急预案则确立了企事业单位是其内部发生的突发事件的责任主体;举办大型会展和文化体育等重大活动,主办单位也应当制定应急预案并报同级人民政府有关部门备案。

7.确定6大工作原则,体现以人为本理念

《总体预案》确定了应对突发公共事件的6大工作原则:以人为本,减少危害;居安思危,预防为主;统一领导,分级负责;以法规范,加强管理;快速反应,协同应对;依靠科技,提高素质。

一方面,把保障公众健康和生命财产安全作为首要任务,最大程度地减少突发公共事件及其造成的人员伤亡和危害是现代行政理念对人民政府"切实履行政府的社会管理和公共服务职能"的根本要求;另一方面,突发公共事件的现场都在基层,基层干部、群众应对突发事件的方式,对于控制事态发展、抢险救援、战胜灾难有着至关重要的作用。

3.7 《生产安全事故报告和调查处理条例》概述

生产安全事故的报告和调查处理是安全工作的重要环节。为了适应安全生产的新形势、新情况，在总结经验的基础上，2007 年 4 月 9 日国务院颁布了《生产安全事故报告和调查处理条例》（以下简称《报告和处理条例》），并于 2007 年 6 月 1 日起施行。它是一部全面、系统地规范生产安全事故报告和调查处理的行政法规，为规范事故报告和调查处理工作，落实事故责任追究制度，维护事故受害人的合法权益和社会稳定，预防和减少事故发生，进一步提供法律保障。

3.7.1 《报告和处理条例》的总体思想

1. 贯彻落实"四不放过"原则

"四不放过"，即事故原因未查明不放过、责任人未处理不放过、整改措施未落实不放过和有关人员未受到教育不放过，这是对事故调查处理工作的根本要求，也是《报告和处理条例》相关制度和措施的基本原则。

2. 坚持"政府统一领导、分级负责"的原则

各级人民政府都负有加强对安全生产工作领导的职责，特别是地方各级人民政府对于本行政区域内的安全生产负总责。

3. 重在完善程序，明确责任

规范生产安全事故的报告和调查处理工作，不仅需要完善有关程序，为事故报告和调查处理工作提供明确的"操作规程"；同时还必须明确政府及其有关部门、事故发生单位及其主要负责人以及其他单位和个人在事故报告和调查处理中所负的责任。

3.7.2 《报告和处理条例》的主要内容

1. 事故等级的划分

《报告和处理条例》规定，根据生产安全事故（以下简称事故）造成的人员伤亡或者直接经济损失，事故一般分为以下等级：

①特别重大事故：造成 30 人以上死亡，或者 100 人以上重伤（包括急性工业中毒），或者 1 亿元以上直接经济损失的事故。

②重大事故：造成 10 人以上 30 人以下死亡，或者 50 人以上 100 人以下重伤，或者 5000 万元以上 1 亿元以下直接经济损失的事故。

③较大事故：造成 3 人以上 10 人以下死亡，或者 10 人以上 50 人以下重伤，或者 1000 万元以上 5000 万元以下直接经济损失的事故。

④一般事故：造成 3 人以下死亡，或者 10 人以下重伤，或者 1000 万元以下直接经济损失的事故。

《报告和处理条例》规定事故一般分为上述四个等级，针对一些行业或者领域事故的实际情况，还授权国务院安全生产监督管理部门可以会同国务院有关部门，制定事故等级划分的补充性规定。

2. 对迟报、漏报甚至谎报、瞒报事故的问题的解决

《报告和处理条例》在明确事故报告应当及时、准确、完整，明确规定任何单位和个人对事故不得迟报、谎报、瞒报和漏报这一总体要求：

①进一步落实事故报告责任，事故现场有关人员、事故发生单位的主要负责人、安全生产监督管理部门和负有安全生产监督管理职责的有关部门，以及有关地方人民政府，都有报告事故的责任。

②明确事故报告的程序和时限。事故发生后，事故现场有关人员应当立即向本单位负责人报告，单位负责人应当于 1 h 内向事故发生地县级以上人民政府安全生产监督管理部门和负有安全生产监督管理职责的有关部门报告。安全生产监督管理部门和负有安全生产监督管理职责的有关部门接到事故报告后，应当按照事故的级别逐级上报事故情况，并且每级上报的时间不得超过 2 h。

③规范事故报告的内容。事故报告的内容应当包括事故发生单位概况，事故发生的时间、地点、简要经过和事故现场情况，事故已经造成或者可能造成的伤亡人数和初步估计的直接经济损失，以及已经采取的措施等。事故报告后出现新情况的，还应当及时补报。

④建立值班制度。为了方便人民群众报告和举报事故，强化社会监督，《报告和处理条例》规定，安全生产监督管理部门和负有安全生产监督管理职责的有关部门应当建立值班制度，受理事故报告和举报。

3. 事故的调查与处理

（1）事故调查

按照"政府统一领导、分级负责"的原则，不同等级事故组织事故调查有不同规定，特别重大事故，由国务院或者国务院授权的部门组织事故调查组进行调查，重大事故、较大事故和一般事故，分别由事故发生的省级人民政府、市级人民政府、县级人民政府负责调查；有关人民政府可以直接组成事故调查组进行调查，也可以授权或者委托有关部门组织事故调查组进行调查；对于没有造成人员伤亡的一般事故，也可以由县级人民政府委托事故发生单位组织事故调查组进行调查。同时，考虑到火灾、道路交通和水上交通等行业或者领域的事故调查处理已有专门法律、行政法规，条例规定：特别重大事故以下等级事故的报告和调查处理，有关法律、行政法规、国务院另有规定，依照其规定处理。

事故调查是由事故调查组具体负责的，保证事故调查的客观、公正和高效，关键在于事故调查组的组成要合理、职责要明确、职权要充分、纪律要严明。据此，《报告和处理条例》从以下 4 个方面作了规定。

①规定了事故调查组组成的原则、组成单位以及事故调查组成员应当具备的基本条件。事故调查组应当遵循精简、效能的原则，由有关人民政府、安全生产监督管理部门、负有安全生产监督管理职责的有关部门、监察机关、公安机关以及工会派人组成，并邀请人民检察院派人参加。事故调查组成员应当具有事故调查所需要的知识和专长，并与所调查的事故没有直接利害关系。

②规定了事故调查组的职责及其在事故调查中的职权。事故调查组的职责包括查明事故发生的经过、原因、人员伤亡情况及直接经济损失，认定事故的性质和事故责任，提出对事故责任者的处理建议，总结事故教训，提出防范和整改措施，提交事故调查报告等。事故调查组有权向有关单位和个人了解与事故有关的情况，并要求其提供相关文件、资料，有关单

位和个人不得拒绝。

③对事故调查组成员的行为规范作了明确规定。事故调查组成员在事故调查工作中应当诚信公正、恪尽职守，遵守事故调查组的纪律，保守事故调查的秘密，未经事故调查组组长允许，不得擅自发布有关事故的信息。

④规定了提出事故报告的时限和事故调查报告的内容。原则上，事故调查组应当自事故发生之日起60天内提交事故调查报告；特殊情况下，提交事故调查报告的期限经批准可以延长，但延长的期限最长不超过60天。事故调查报告除了要包括事故发生单位概况、事故经过和救援情况、事故造成的人员伤亡和直接经济损失等内容外，还应当包括事故发生的原因和事故性质、事故责任的认定，对事故责任者的处理建议以及防范和整改措施等内容，并应当附上有关证据材料。事故调查报告要有事故调查组成员签名。

（2）事故处理

事故处理是落实"四不放过"要求的核心环节，为保证及时、严肃地进行事故处理，《报告和处理条例》从以下4个方面作了规定：

①规定了事故调查报告的批复主体和批复的期限。事故调查报告由负责组织事故调查的人民政府批复，对重大事故、较大事故、一般事故自收到事故调查报告之日起15天内作出批复；对特别重大事故30天内作出批复，特殊情况下，批复时间可以适当延长，但延长的时间最长不超过30天。

②对落实事故责任追究作了规定。有关机关对事故发生单位和有关人员进行行政处罚，对负有事故责任的国家工作人员进行处分；事故发生单位对本单位负有事故责任的人员进行处理；负有事故责任的人员涉嫌犯罪的，依法追究刑事责任。

③规定了防范和整改措施的落实及其监督检查责任。防范和整改措施由事故发生单位负责落实，落实情况除接受工会和职工的监督外，安全生产监督管理部门和负有安全生产监督管理职责的有关部门要进行监督检查。

④规定了事故处理情况的公布制度。事故处理情况除依法需要保密的外，要向社会公布。

3.8　国外土木安全工程生产管理体制及法规

发达国家在建设工程安全管理方面已经有了一百多年的历史，发展到当今水平，已经形成了比较科学的符合市场经济条件的机制和制度，在法律手段、经济手段等各方面积累了丰富的经验，这些经验与制度是千百万劳动人民的智慧和汗水的结晶，是人类文明的共同财富。学习和借鉴这些机制与经验，会对我国建立社会主义市场经济条件下的建设工程安全管理模式大有裨益。

本节主要介绍美国和英国当前建设工程安全管理相关的法律体系及体制，了解发达国家解决工程安全问题的方法，为改善我国建设工程安全现状提供参考。

3.8.1　美国建设工程安全管理

美国的工程建设一直快速而大规模地进行着，包括道路、桥梁、大楼、厂房等各种工程。但美国没有专门的建设行政主管部门，政府对建设活动的管理，主要是通过法律手段实现。

1. 法律体系

美国的建筑安全相关法律属于整个职业安全与健康法律体系的一部分，目前的职业安全与健康法律体系是在1970年通过的《职业安全与健康法》的基础上形成的，可以分为三个层次：第一层是基本法《职业安全与健康法》（OSHAct），明确了职业安全与健康的各项基本原则，成立了管理机构体系；第二层是联邦职业安全与健康局（OSHA）制定的各项严格、细致的标准，这些标准不但明确了安全与健康措施的各个细节，还对各行业应该采取的不同的工程措施作了详细规定；第三层是OSHA标准的行动指南，由此构成美国的职业及建筑安全法规体系，见图3-4。

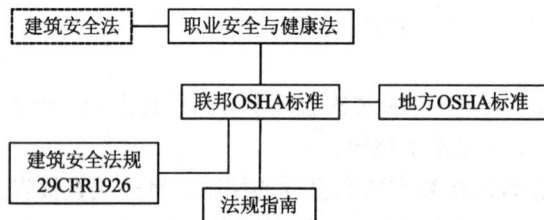

图3-4　美国的职业及建筑安全法规体系

（1）《职业安全与健康法》

《职业安全与健康法》于1970年颁布，是美国现有的职业与建筑安全法规体系的基础，也是美国在职业安全与健康领域中的第一个在联邦全面施行的法律。其立法的宗旨是通过授权执行在该法案基础上发展起来的各项标准，帮助并鼓励各州做出努力以保证安全与健康的工作环境，为职业安全与健康领域提供科学研究、情报资料和教育训练，来保证全国每个劳动者的健康和安全。

它适用于制造业、建筑业、海运、海洋工业、农业、法律、医药、慈善事业、有机构（项目）的劳动者和私立学校等，并明确规定了雇主和雇员的基本权利和义务：一方面，雇主要接受某些合理和必要的实践、途径、措施或程序保护工人；另一方面，雇员必须使自己的活动符合所有指令和法规的要求。

（2）联邦OSHA标准

OSHAct赋予OSHA制定标准的权力，联邦OSHA标准中既有属于一般安全与卫生管理原则的规定，又有各行业技术细节的要求，内容完善、覆盖面广。总体来说，其标准分为四个主要类别：一般行业、建筑、海事（造船、海运油库、港口）和农业。

（3）指南

指南是执行OSHA标准时的行动指导，指南按照不同法规标准的内容类别，对法规的目的、背景、执行程序、特殊变化、重点事项等都做了相应的阐述，其形式可以是小册子或者其他宣传工具。

（4）地方标准

由于美国法律体系中的联邦法律和州法律之间的特殊关系，联邦OSHA只对美国50个州中的23个州的安全和卫生负责，所以联邦OSHA标准并不适用于所有的州，很多州都有自己相对独立的地方职业安全与健康标准，用以保证本州工人的安全与健康。

(5)《建筑安全法》

美国在 1960 年曾实施《建筑安全法》，联邦政府依据该法实施了强制安全措施计划，要求承揽政府项目的承包商采取安全措施保护工人免受健康损害与意外伤害，并要求承包商预先准备应急措施，保证在出现意外事故时把伤害程度降低为最小。随着 1970 年通过了更加综合的 OSHAct，所有与建筑安全相关的法规逐渐由新的职业安全与健康法规体系取代。所以，建筑安全法规成为了职业安全法规体系的一部分。

(6)建筑安全法规

建筑安全法规作为建筑安全与健康的标准，从一般的安全健康规定到环境控制、个人防护用品和急救工具、火灾预防、标志和遮挡、材料处理和堆积等建筑设施施工的各个环节，都做了非常详细的规定。

2. 相关机构

根据相关法律规定，美国劳工部及健康教育和福利部负责确保劳动者享有安全、健康的工作条件。其中，劳工部的主要职责是公布和实施安全健康标准，根据 OSHAct 授权建立的、隶属于劳工部的 OSHA 执行。卫生教育和福利部的职责是负责标准方面的研究、实验和论证工作，以便向劳工部负责推荐职业安全和健康标准，该职责由 OAHAct 授权成立的国家职业安全健康研究院完成。职业安全与健康审查委员会是美国政府行政部门的一个独立司法机构，由 OSHAct 授权成立，对 OSHA 进行检查以确保其行动与法律一致。

通过三部门之间的相互制约和支持，共同完成对美国职业安全与健康问题的管理，见图 3 - 5。

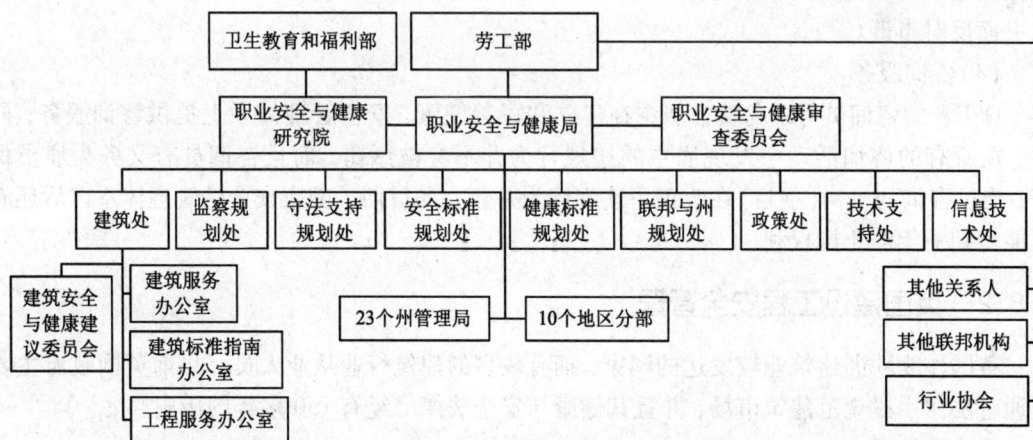

图 3 - 5　美国职业及建筑安全管理机构体系

其中，美国职业安全与健康局(OSHA)是劳工部的职能部门，在全美设有 10 个地区分部和 23 个州管理局，并下设多个处。由于建设工程安全的重要性，美国于 1996 年在 OSHA 设立了建筑处，主要职责是通过制定工地安全的法规和标准，保障建筑工人在安全环境中工作，并监督建筑安全法规的实施。

3. 监察手段

在美国，OSHA 负责对建筑工地实施监察以保证雇主遵守相应的职业安全与健康标准，负责工作现场监察的是由 OSHA 经过专门培训、能识别现场危险源的工作人员,其监察活动一般包括检查、检查结果、申诉和咨询服务等几个方面。

(1)检查

OSHA 的检查一般不事先通知,检查过程包括监察员出示有效证件、检查前的准备会议、现场检查和总结会议等过程。由于工作现场较多,OSHA 的检查根据情况的重要和紧急程度划分为 6 个优先级:第一优先级是可能马上导致事故的重大隐患的报告;第二级是导致三人以上住院的严重伤害事故;第三级是雇员投诉;第四级是其他政府机构的建议;第五级是目标导向的检查;第六级是常规例行检查。

(2)检查结果

在检查结束后,监察员可以根据情况采用以下几种措施:

①整改通知书:监察员可以用邮件的形式通知雇主其所违反的法规和标准以及纠正的期限,雇主在接到整改通知书后必须在规定的时间内完成要求。

②处罚:按照违规的性质不同,违规可分为轻度违规、严重违规、故意违规、重复违规和未完成整改违规等五种。针对不同的违规,可对雇主处以罚款、监禁或者两者并用;如果雇主有意违规造成工人的死亡,依照法庭处理,个人雇主会受到最高 25 万美元的罚款,企业雇主会受到最高 500 万美元的罚款,且两者都可能受到刑事处分。

(3)申诉

雇员对工作场所的健康和安全问题进行投诉,要求有关方面进行检查,称之为申诉,OSHA 必须对被投诉的场所做出相应检查,并且按照法律要求保守雇员秘密。同时,雇主接到整改通知书或罚则后,有权要求与 OSHA 官员就有关问题进行会晤,而且可以向 OSHA 提出书面反对申诉。

(4)咨询服务

OSHA 的咨询员可以免费为雇主在建立和完善健康、安全管理体系上提供咨询服务;同时,在所有的咨询活动中发现雇主的违规行为并不会被惩罚,而且咨询员有义务为雇员保密;受过咨询的机构(项目)在改正了违规行为并建立和贯彻了健康安全的管理体系以后还有可能得到一年的免检权利。

3.8.2　英国建设工程安全管理

英国作为欧洲建筑业较发达的国家,拥有较多的建筑行业从业人员。目前英国政府主要是通过法律手段规范建筑市场,并且其健康与安全法律已经有 150 多年的历史。

1. 法律体系

英国现有的健康与安全法规是在 1974 年《劳动健康安全法》(HSWAct)的基础上发展起来的。其职业及建筑安全法规体系可以分为四个层次,见图 3 - 6。该体系的第一个层次是基本法——《劳动健康安全法》,明确了雇主和其他干系人的基本安全责任,并且成立了管理机构体系;第二层是行政法规,通过设立标准的形式明确各行业各企业所应该达到的安全管理目标;第三层是官方批准的实践规范,由各行业自己起草,详细叙述并推荐行业中能够达到法律要求的比较好的安全实践形式的各个方面,但并不做硬性要求;第四层是指南和标准,作为雇主采取安全措施时的建议和指导。

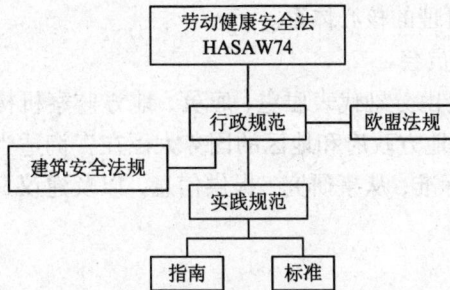

图 3 – 6　英国职业及建筑安全法规体系

(1)《劳动健康安全法》

该法案主要是为了提供一个合理的法律构架来促进、刺激和鼓励工作现场实施更高的健康安全标准，并最终提升安全意识和每个组织的有效安全标准；适用于管理层、雇员、自由职业者、雇员代表、现场管理者以及工厂设备材料的制造者等；同时，法案的条款明确了一般责任，例如，雇主负责维持安全的工作环境，作业人员负责保证公众安全，要求商品的设计能保证人的安全，要求雇员要与雇主合作以确保健康安全。

(2)行政法规

行政法规通常由相应的国务大臣根据英国安全与健康委员会(HSC)提交的计划，在咨询后签署；签署的法规要提交给国会，提交后经过 21 天，这些建议自动生效(除非被拒绝)。这些法规形成的原则是所有法规都应尽可能地说明一般责任、原则和目标，而支持性的细节应该在官方批准的实践规范和指南中加以描述。

(3)官方批准的实践规范

官方批准的实践规范(ACOPs)是由 HSC 征得相应国务大臣的同意后批准的，不需要经过国会同意，因此 ACOPs 的更新较为容易。ACOPs 在法律体系中具有特殊地位，如果有人达不到 HSWAct 或行政法规关于安全的要求，又没能遵守 ACOPs 的条文，法院可以对其以刑事诉讼起诉。因此，ACOPs 具有能够紧随创新和技术变化而不降低标准的灵活性。

(4)指南

指南由 HSC、HSE(英国安全与健康局)或其建议委员会发出，遵守指南并不是强制性的，业主可以选择采取其他措施；HSE 发布了大量的指南来适应地方机构监督的需要。每年 HSC 和 HSE 发布文件超过 350 份，对不同部门或过程提供信息、建议和指导。

(5)标准

英国的大部分标准是由欧洲或世界的标准变化来的，英国标准局负责英国国家标准的建立，其中与健康与安全方面的标准主要由 HSE 来制定，标准制定的依据主要来源于监察实践，同时也参考 HSE 出版的指南，标准内容包括安全目标的界定、实践操作指南和工业产品的设计准则等。

2. 相关机构

1974 年，英国的 HSWAct 建立了新的管理机构——英国安全与健康委员会(HSC)和英国安全与健康局(HSE)，由此形成了现在的安全与健康管理机构体系。其中，HSC 向国务大臣负责，主要负责立法，HSE 和地方监察机构则主要负责不同领域的执法，这三个机构共同构成了英国职业安全与卫生管理的核心体系。

(1)英国安全与健康委员会

英国健康与安全委员会由分别代表雇主、雇员、地方监察机构、公众和其他利益的委员组成，他们由负责交通部、地方政府和地区的国务大臣在咨询适当的组织后任命。该机构的职责包括制定新的法律和标准，从事研究，提供信息，以及建议、控制爆炸性或其他危险性的物品。

(2)英国安全与健康局

英国安全与健康局主要负责执行健康与安全法律，同时也为 HSC 完成法定责任提供建议和支持。HSE 对建筑安全的管理较重视，现场监察处由 7 个地区科和 1 个全国建筑科组成。其中，全国建筑科由一线监察员组成，主要负责对个建筑工地的安全活动给予建议和支持，进行日常检查、事故调查，并处理雇员投诉。此外，HSE 的安全政策处下设负责制定建筑安全的相关管理政策的部门。

(3)地方监察机构

地方监察机构主要负责包括零售、批发、办公、休闲和公共饮食等领域的健康与安全法律的执行。

(4)建议委员会

HSE 向 HSC 提供政策、技术和职业的建议，其他专家建议则来自 HSC 的建议委员会网络，这些委员擅长处理某些危险领域或行业，其中也包括建筑业方面的专家；这些委员会由HSE 资助，他们的主要职责是推荐指南和标准，有时也评论 HSC 面临的政策问题或者推荐某些特别的新问题的解决办法。

3. 监察手段

HSE 在制定监察政策时要考虑以下原则：透明、可解释、目标导向、连贯性和成比例。HSE 和地方监管机构有一系列的办法可以确保大家遵守法律，并确保对违反法律的行为作出适当的反应。

(1)检查

在有工人投诉、公众成员质询、继续原先检查或调查事故时，HSE 可以对相关工作场所实施检查。多数情况下，HSE 不作事先通知便进入工作场所进行预防性检查活动。为了区分优先程度而广泛应用了电脑系统，许多数据库记录了从以前的接触和检查中了解的雇主、雇员和工作场所的信息，以及危险过程、危险物和事故历史等。电脑系统中的数据还可以用来帮助各个雇主在其组织内部设立优先措施顺序。

(2)监察员的权力

监察员有权进入任何工作场所而不必事先通知，监察员可以和雇员代表交谈、拍照、取样、扣押危险设备和物品。如果监察员对于所达到的健康安全标准不满意，可以采用建议或警告、发出整改或停工通知单的办法使之获得改善；监察员可以根据 HSC 出版的《执法政策声明》自行决定采取何种执法方式。HSC 政策要求监察力度应该与存在的危险成正比，以最严重的危险或危险物为主要检查目标。

（3）事故调查

执法机构可以自行决定是否对事故、伤病案件或投诉进行调查。一般情况下，为了保证调查结果，大部分可用来调查事件的资源都用在严重事件的调查上；HSC 认识到既不可能也不需要为了达到 HSWAct 的目标而调查检查中没有发现、也无人举报的事件。

在选择调查哪些投诉或伤病报告和决定使用资源的层次时，执法机构应该考虑以下因素：预计或实际伤害的严重程度及范围大小、即将违反法律的严重程度、责任人过去的健康安全表现记录、执法的有限次序、达到目标的可行性、事件在更广泛范围内的影响。执法机构对与工作相关的死亡事故一定要作现场调查。

（4）起诉

尽管执法机构的首要目标是保证责任人有效管理和控制危险以阻止伤害，起诉仍然是执法的一个重要组成部分；只要情况属实而且得到了相应证据，执法机构就可以不经事先警告而直接起诉。HSC 期望在执法机构经过调查或其他法定接触之后，符合以下情况时才代表公众利益考虑起诉：起诉可以提醒大家注意守法和维持法律要求的标准；判罪可以对其他类似的违法行为有威慑作用；违法行为可能造成严重危险的违法行为持续发生、起诉对象可以是个人或公司团体，包括国有行业和地方机构。

（5）处罚

健康与安全法规赋予法庭多种处罚违法人和威慑其他人的办法，包括判刑。在英格兰和威尔士，大多数起诉由初级法院审理，可以对严重事件进行最高限额 2 万英镑的罚款。初级法院可以把某些案件交由皇家法院审理，皇家法院可以进行无上限罚款。对某些非常严重的违法行为，例如不遵守停工通知，可以判当事人有期徒刑。

3.8.3　美、英两国建设工程安全管理小结

上文从法律体系、相关管理机构、监察手段三个方面介绍了美英两国建设工程安全管理的理论与实践。虽然两国由于建筑发展水平、安全历史、社会文化等因素的不同造成相关管理手段与方法的不同，但总体上说，两国已经形成了完整体法律体系与监察机构，并具有下述特点：

①有共同的管理目标，即保护每个工人的健康与安全。这种以人为本的安全管理目标并不是从来就有的，而是随着社会经济技术水平的发展逐渐形成的，社会的伦理道德需求也对目标的形成有重要作用。

②建筑安全管理属于职业安全与卫生管理的一部分，在法规、机构体系和监察原则等方面都有明显的体现。美、英两国的法律体系都是基于职业安全与健康法律基础之上的综合法律体系，避免了各法规之间的重叠或不统一，形成了清晰的法规层次体系和功能体系。其次，两国都设立了统一管理、重视制衡和辅助功能的安全管理机构体系。最后，两国进行安全监察的基本手段大致相同，而且都很重视数据统计和分析在监察中的作用。

③职业安全与健康法规与劳工补偿法有效结合。在英、美两国，职业安全与健康法规都在安全管理中居于绝对主导地位，劳工赔偿法规和保险制度的建立对改善安全状况起到了辅助作用。

虽然我国与英、美两国在建筑安全状况方面有着很大的差异，但由于我国正处于工业化过程中，在安全方面面临的问题与英、美等发达国家在 20 世纪初期、中期面临的问题相似，

借鉴发达国家历史经验可以使我国在建筑安全管理方面少走弯路。

重点与难点

1. 国内外土木安全工程生产相关法律及法规；
2. 教学难点为我国安全法规体系结构。

思考与练习

1. 为什么完善的法律制度和法规是解决建设工程安全事故高发的治本之策？
2. 我国的安全生产法律体系组成有哪些？是怎样相互起作用的？
3. 发达国家的安全生产管理体系与法规对我国建设工程安全管理有什么借鉴价值？

第 4 章

勘察设计阶段的土木安全工程

4.1　概述

　　建设工程是百年大计，其勘察、设计的技术要求比较复杂，建设工程的质量更是关系到人身财产安全，重要工程的质量甚至对社会政治、经济活动产生巨大影响。作为技术和智力较为密集的建设活动主体，勘察、设计单位的工作内容决定了它与工程质量缺陷和损害以及工程建设安全具有密切的关系。

　　对于勘察单位而言，其主要工作是根据建设工程的要求，查明、分析、评价建设场地的地质、地理环境特征和岩土工程条件，编制建设工程勘察文件。勘察质量的好坏将直接关系设计工作的成败，也必将关系到工程质量的好坏。某工厂新建一生活区，共 14 幢 7 层住宅，一年内相继建成完工。一年后在未曾使用之前，相继发现 6 幢建筑的部分墙体开裂，从 1 楼到 7 楼均有出现，且部分有外倾之势。出现问题的 6 幢建筑均产生严重的地基不均匀沉降，最大沉降差达 160 mm 以上。据有关部门调查后认为，该工程地质勘察单位在对工程地质进行详勘时，对地下土层出现了较低承载力的现象未加以重视，轻易对地基土进行分类判定，将淤泥定为淤泥质粉土，提出其承载力为 100 kN，弹性模量为 4 MPa 的错误依据。设计单位根据错误的详勘资料设计了不合理的方案，最终导致了事故的发生。

　　对于设计单位而言，其工作内容主要包括制作施工设计文件、设计文件的技术交底、现场施工技术和现场工作条件的配合、参加工程质量验收等。设计质量缺陷将带来实际工程质量的先天不足。1998 年 9 月 24 日，投资 4.23 亿元兴建的宁波招宝山大桥，在经过三年建设即将合龙之际，突然发生严重的梁体断裂事故，虽未造成人员伤亡，但这起事故使整个工程工期延误近两年，经济损失巨大，并且在社会上造成了极大的负面影响。有关部门调查后认为，造成该桥质量事故发生的主要原因是设计上存在漏洞，例如主梁结构设计上欠厚、底板厚度过薄等。

4.2　勘察设计阶段的安全风险

　　土木工程勘察设计阶段是工程建设的一个重要阶段，也是频繁引起安全事故的阶段，如何确保工程建设的安全，减少或防止安全事故的发生是一个非常重要的问题，为了很好地解决这个问题，需要探究勘察设计阶段存在的安全风险，做到及时发现并杜绝各种风险。

4.2.1　勘察单位存在的安全风险

在一项工程建设活动中，勘察单位的主要任务是为工程建设的规划选址、可行性研究、设计、施工以及工程建成后的运营监测提供技术成果和技术服务。根据工程勘察工作的实际情况，可能导致安全事故出现的原因主要有以下两个方面。

（1）勘察手段单一

岩土问题是复杂多样的，单一的勘察手段，一般不能很好确诊，因而岩土工程勘察中常常运用综合的勘察手段解决工程建设中的岩土问题。目前有些勘察单位只用简单钻探的方法，手段比较单一。如萧山环城南路某多层住宅项目，设计选用 $\phi500$ 管桩，以埋深 22.5 m 的可塑黏土为持力层，施工选用静压法。由于工程勘察只用单一的钻探方法，未查出 15～17 m 深度范围黏性土中的粉砂透镜体，使 30% 的桩无法穿越该粉砂透镜体而造成截桩，经施工勘察后补桩及桩底注浆处理完工，截桩 6～7 m，给业主造成了经济损失。

（2）综合分析能力低

部分勘察技术人员不仅缺乏对勘察专业的野外和室内原始资料的整理、分析利用的能力，更缺少如何辨别真伪、补充印证、归纳总结的能力，常造成勘察的目的性不明确，所提供的资料不能满足设计需要的问题。如某基坑工程，为地下 2 层，开挖深度范围的野外地质描述为淤泥质粉质黏土与黏质粉土互层，室内土工试验固结快剪指标分别集中在两个区域（$c=12$ kPa、$\varphi=10°$ 及 $c=10$ kPa、$\varphi=30°$），勘察报告未见分析，只笼统对该层土样的试验指标进行了统计，并提出了基坑设计参数（$c=11$ kPa、$\varphi=20°$），这种提法既不能满足抗滑稳定性验算要求，也没有针对不利滑动面提出设计参数。

4.2.2　设计单位存在的安全风险

在一项工程建设活动中，设计单位的主要任务是按约定的时间交付用于施工的设计文件，设计文件施工交底，根据工程进度完成现场施工技术配合（包括对施工中出现工程安全和质量的问题，参与技术分析和提出相关的技术解决方案），参加隐蔽工程、单项、单位工程验收和项目竣工验收。工程设计工作可能导致安全事故出现问题的情形主要表现在以下几个方面。

（1）延迟交付设计文件

设计单位延迟交付设计文件，在工程施工前后工序时效性较强的情况下，往往造成施工安全事故。有一个案件即属于此类情形：地处上海繁华商业街的某工程，在基础基坑开挖后，由于设计单位的基础底板施工图延迟交付，造成基坑暴露时间过长，对上海地铁隧道的安全造成巨大威胁。同时，该工程本身的地基土受扰动而导致实际承载力降低，建设单位为了保证地铁隧道和基坑地基的安全，不得不增加巨额支出采取临时保护措施，不仅造成工期延误，银行贷款利息增加，更导致施工单位提出索赔。

（2）设计错误

设计错误是设计单位违反合同义务，造成工程质量及安全事故的主要表现形式。具体表现为未根据勘察成果文件或其他基础性技术文件进行工程设计，计算错误，标示错误，设计单位屈从于建设单位降低工程质量的要求，导致设计不符合工程质量的强制性标准等多种形式。比如，由于设计合同规定的设计时间紧迫，设计单位根据勘察单位的初步勘察成果，即进行了建筑地基和基础的施工图设计。随后，勘察单位又提供了详细的勘察报告，但由于设计人员的疏忽，未对原已交付施工的地基基础施工图进行复核，结果因局部区域桩基设计不符合国家强制性规范的要求，造成工程质量出现严重问题。又如，2000 年被建设部通报全国的陕西省子洲县子洲中学教学楼质量事故就是由于设计错误引起的。由于施工图设计文件未严格按该地区 6 度抗震设防的规定进行设计，结构体系不合理，整体性差，构造措施不符合要求，这座教学楼投入使用仅 2 个月，就在部分大梁及五层多功能厅、阶梯挑梁处出现不同程度的裂缝，最宽处达 4.5 mm 左右。

（3）设计文件不符合国家规定的设计深度要求

为了保证工程设计文件符合必需的编制深度要求，国家颁布了有关设计文件内容和深度要求的一系列强制性规范。比如，在建筑制图的有关国家标准中，就对工程设计各专业各设计阶段的设计文件的基本图目、图例、数量单位、图纸比例、文字、标注方法等作了详细的规定。如果设计文件不完全符合国家对设计文件的编制深度要求，虽然不属于设计错误，但由于设计意图的表达过于粗糙或含糊，轻则影响各专业图纸的相互协调和后续施工准备工作，重则因施工图缺漏、矛盾或施工人员对施工图纸的理解产生错误，从而出现建筑工程质量和安全事故。如上海郊区某钢结构厂房，在吊装施工就位后屋面板铺装前，即发现多榀钢屋架发生过大变形。经调查分析发现，导致事故的直接原因是设计图纸上关于钢屋架屋脊连接节点处的高强螺栓的标示不明，施工单位误用了同直径的普通螺栓。

（4）设计单位对施工图交底不清

施工图完成并经审查合格后，设计文件的编制工作已经完成，但并不是设计工作的完成，设计单位仍应就设计文件向施工单位作详细的说明，这对于施工人员正确贯彻设计意图，加深对设计文件难点、疑点的理解，确保工程质量具有重要意义。按照行业惯例，设计单位将完成的设计文件交建设单位，由建设单位转发施工单位后，再由设计单位将设计的意图、特殊的工艺要求，以及建筑、结构、设备等各专业在施工中的难点、疑点和容易发生的问题等向施工单位作详细说明，并负责解释施工单位对设计文件的疑问。如果设计人员在施工图交底时，对于在施工中需要特别重视的问题交底不清，可能导致工程质量出现问题。前文提到的上海郊区某厂房钢屋架工程质量事故，其部分原因也是设计单位在施工图交底中，对需要使用高强螺栓的特殊设计意图，未能向施工单位作出明确的说明，从而造成施工人员对螺栓的误用。

（5）设计单位未参加建设工程质量事故的分析，或对于因设计造成的质量事故未提出相应的技术处理方案

工程质量事故发生后，工程的设计单位有义务参与质量事故分析。建设工程的功能、所要求达到的质量在设计阶段即已确定，工程质量的好坏在一定程度上就是工程是否准确表达了设计意图，因此，当工程出现质量事故时，该工程的设计单位对事故的分析具有权威性。对于因设计造成的质量事故，工程设计单位同时也有义务提出相应的技术处理方案。设计单位违反上述义务，未参加建设工程质量事故的分析，或对于因设计造成的质量事故未提出相应的技术处理方案，均有可能造成工程质量事故危害和损失的扩大。

（6）设计单位非法转包设计任务

曾经一度轰动上海的贝港桥垮塌事故的部分原因是设计单位非法转包设计任务。1995年 12 月 26 日，上海市奉贤县南桥镇贝港河上新建成尚未投入使用的贝港桥突然坍塌。不到

5 min，整桥跨河部分约 52 m 长的桥身断成几截，全部沉入河中，成为一起罕见的桥梁工程质量事故。经事故分析，造成事故的原因，除了施工质量问题外，设计过错也是一个重要的原因：设计单位将部分设计工作转包给了没有相应设计资质的其他单位，并出现设计错误。事故发生后，设计单位虽然承担了相应的赔偿责任，但其中的教训值得所有设计单位汲取。

4.3　勘察设计阶段各方的安全责任

　　勘察设计阶段的工作成果在技术上是否可行、工艺是否合理、设备是否配套、结构是否安全可靠等，都将决定工程项目建成后的功能和实用价值，以及工程实体的质量。没有高质量的工程设计，就没有高质量的工程，精心设计是工程质量的重要保障。我国工程质量事故统计表明，40.1%的工程质量事故是由于设计原因引起的，居工程质量事故原因之首。凡是与设计阶段有关的各方，包括勘察单位、设计单位都应承担各自的安全责任。

4.3.1　勘察单位的安全责任

　　土木工程勘察是指根据工程要求，查明、分析、评价建设场地的地质、地理环境特征和岩土工程条件，编制建设工程勘察文件的活动。工程勘察应按工程建设各勘察阶段的要求，正确反映工程地质条件，查明不良地质作用和地质灾害，精心勘察，从而提出资料完整、评价正确的勘察报告。

　　土木工程勘察工作是建设工程的基础工作，勘察成果文件是设计和施工的基础资料和重要依据，真实准确的勘察成果对设计和施工的安全性和是否保守浪费有直接的影响。土木工程勘察工作也是基本建设程序中十分重要的内容之一，是固定资产投资转化为现实生产力的先导性工作。所有的工程建设项目都必须首先经过可行性研究和工程设计，然后绘制成建设蓝图，才能进行实施。每年中国的固定资产投资数以万亿计，如果其中一个百分点的固定资产质量有问题，其造成的经济损失将是十分巨大的。因此，工程勘察水平的好坏，直接关系到工程建设项目的好坏，工程勘察设计对固定资产投资具有先导和决定性的影响。随着我国岩土工程体制的推行和对工程建设要求的提高，从业单位的业务范围已经拓展到岩土工程勘察、设计、治理和监测的全过程。工程勘察的水平与质量直接影响整个工程建设的安全、质量、成本和周期，对国家建设和环境保护具有重要意义。

　　勘察单位在勘察工作中担负着重大的安全责任，《建设工程安全生产管理条例》对勘察单位的安全责任作出了如下规定：

　　①勘察单位应当按照法律、法规和工程建设强制性标准进行勘察，提供的勘察文件应当真实、准确，满足建设工程安全生产的需要。工程勘察就是要通过测量、测绘、观察、调查、钻探、试验、测试、鉴定、分析资料和综合评价等工作查明场地的地形、地貌、地质、岩型、地质构造、地下水条件和各种自然或者人工地质现象，并提出基础、边坡等工程设计准则和工程施工的指导意见，提出解决岩土工程问题的建议，进行必要的岩土工程治理。

　　②勘察单位在勘察作业时，应当严格执行操作规程，采取措施保证各类管线、设施和周边建筑物、构筑物的安全。一是勘察单位应当按照国家有关规定制定勘察操作规程和勘察钻机、精探车、经纬仪等设备和检测仪器的安全操作规程，并严格遵守，防止生产安全事故的发生。二是勘察单位应当采取措施，保证现场各类管线、设施和周边建筑物、构筑物的安全。

4.3.2 设计单位的安全责任

土木工程设计是指对工程项目的建设提供有技术依据的设计文件和图纸的整个活动过程。工程设计阶段是建设项目生命期中的重要环节,是建设项目进行整体规划、体现具体实施意图的重要过程,是科学技术转化为生产力的纽带,是确定与控制工程造价的重点阶段。

设计方案的决策直接影响建筑安全。设计人员设计节点、选择材料、安排设备构件以及对一项设计下定义的方式都会直接影响工人完成工作的方式。例如,因为没有告诉施工方如何安装及组装设备或构件而酿成事故,设计人员就必须对建筑安全负责任。

再从另一个角度来考虑设计方案。假定设计人员的确知道能用一种更安全的施工方式进行施工的方案设计,但这种设计方案没有采用,而且一个建筑工人在试图按照给定的方法施工时受到了严重的伤害。那是否意味着设计人员没有采用修正的设计方案就应当承担责任呢?人们会认为,未能使施工更安全的设计将会导致其承担更大的责任。

图 4-1 描述了一个设计人员在不同的设计方案下不同的安全责任。每一种设计方案中,设计人员都只说明了最终结果而非施工的方式。在方案 1 中,设计人员设计了构件 A。在方案 2 中,设计人员设计了构件 B,只是因为他觉得 B 比 A 安装起来更安全,但并未证实 B 比 A 的安全性。在方案 3 中,设计人员在知道 B 会更安全的情况下设计了 A。每一种方案都有一个建筑工人受到了伤害。那么,在三种方案中设计人员的责任是否相同呢?显然,方案 2 和方案 3 中设计人员身上的责任风险更大。因为方案 2 中设计人员在并未证实 B 比 A 更安全的情况下选择了 B,存在较大的盲目性和冒险性;方案 3 中,设计人员知道 B 比 A 会更加安全,可是因为某种原因选择了一种较不安全的设计方案。

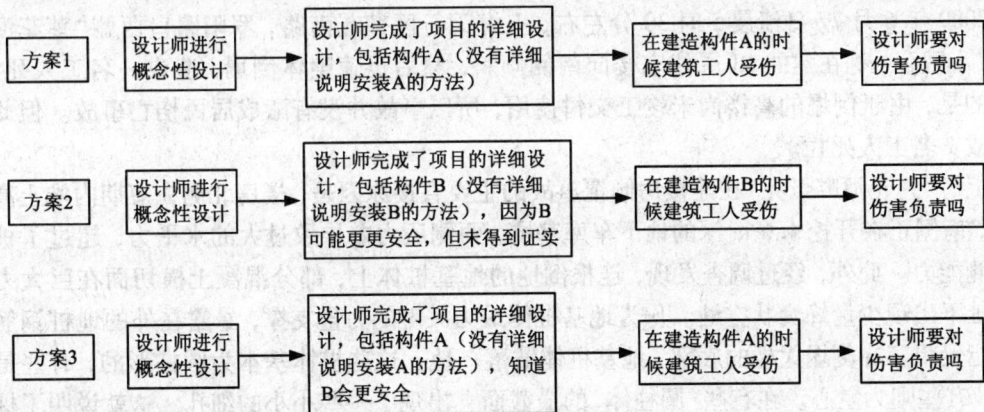

图 4-1 不同设计方案安全责任

设计单位在设计工作中担负着重大的安全责任,《建设工程安全生产管理条例》对设计单位的安全责任作了如下规定:

①设计单位应当按照法律、法规和工程建设强制性标准进行设计,防止因设计不合理导致生产安全事故的发生。

②设计单位应当考虑施工安全操作和防护的需要,对涉及施工安全的重点部位和环节在

设计文件中注明，并对防范生产安全事故提出指导意见。

③采用新结构、新材料、新工艺的建设工程和特殊结构的建设工程，设计单位应当在设计中提出保障施工作业人员安全和预防生产安全事故的措施建议。

④设计单位和注册建筑师等注册执业人员应当对其设计负责。

4.4 勘察设计阶段安全事故案例分析

在土木工程建设的过程中，各种事故也时有发生，随着项目越来越大和越来越复杂，所带来的事故后果也越来越严重，对广大人民的正常生活带来了很大影响，工程建设质量和安全受到人们的广泛关注。下面针对两个具体事例来分析事故发生的原因。

1. 北京市海淀区 3.28 地铁坍塌事故

2007 年 3 月 28 日上午 9 点多，海淀区苏州街与海淀南路交界处的十字路口附近的北京地铁十号线工程发生坍塌事故。事故发生时，隧道土层倾泻而下，将正在施工中的 6 名工人埋在里面，造成严重的人员伤亡和经济损失。

该事故发生后，相关部门随即展开调查，经过分析认为主要存在以下原因：

①勘察工作不到位。该标段地质勘探按照探孔间距不大于 50 m 的规范要求，以 40 m 为间距设置探孔。事故地点处在探孔间距之间，勘探资料未能显示出事故地点的实际情况。

②现场安全生产管理存在漏洞。一是应急预案对施工过程可能出现的风险考虑不全，出现风险后不能按应急预案处理；二是对劳务用工管理不严，使用无资质的劳务队伍从事施工作业；三是现场管理人员未严格遵守北京市建设工程安全生产标准、规范。

2. 上海楼盘倒塌事件

2009 年 6 月 27 日清晨 5 时 30 分左右，上海闵行区莲花南路、罗阳路口西侧"莲花河畔景苑"小区，一栋在建的 13 层住宅楼向南侧倾斜，然后迅速整体倒塌，造成一名工人死亡。庆幸的是，由于倒塌的高楼尚未竣工交付使用，所以事故并没有酿成居民伤亡事故。但此事故造成 1 名工人死亡。

上海"莲花河畔景苑"在建楼房倾覆事故的主要直接原因是，楼房北侧在短期内堆土高达 10 m，南侧正在开挖 4.6 m 深的地下车库基坑，两侧压力差导致过大的水平力，超过了桩基的抗侧能力。此外，经过调查发现，连根倒地的地基桩体上，部分混凝土横切面在巨大力量的拉扯下出现少量蜂窝状空缝。作为地基桩体最为关键的力量支撑，暴露在外的地桩钢筋只有拇指般粗。在倒塌大楼的底部，地基桩体散落一地。这些桩体基本为圆柱形的，有些是实心的，有些则为空心。在有些"圆柱体"的横截面上出现了一些小小的细孔。这就说明了桩基材料的不合格（即偷工减料），加之周围地基条件的不合理直接导致了这起严重建筑安全事故的发生。

该事故发生后，相关部门随即展开调查，经过分析认为存在的主要间接原因是：

①建筑设计单位没有根据具体的地质条件作出合理的建筑设计方案，脱离实际情况。

②建筑施工单位不仅没有依据实际条件对施工方案进行修正，而且偷工减料，导致严重的建筑事故的发生。

③建筑监管部门严重失职，没有对工程作出合理监管。

通过对北京市海淀区 3.28 地铁坍塌事故和上海楼盘倒塌事故的分析发现，导致土木安全工程事故发生的因素较多，多数情况下，事故的发生都是多因素共同作用造成的，建设单位、设计单位、施工单位及监理单位任何一方的失误或处理不善都可能导致事故的发生。而勘察设计的工作失误是事故链的首要环节，应引起足够的重视。

重点与难点

1. 土木工程勘察设计阶段的主要安全问题；
2. 教学难点为勘察设计单位的主要安全职责。

思考与练习

1. 勘察设计阶段存在的安全风险有哪些？
2. 勘察环节中勘察单位的安全责任是什么？
3. 设计环节中设计单位的安全责任包括哪些？

第5章

施工阶段的土木安全工程

5.1　概述

　　在全世界范围内，土木工程都属于最危险的行业之一。施工是土木工程最危险的阶段，也是安全事故发生最频繁的阶段。在过去的几十年里，我国土木工程施工虽取得了辉煌的成就，但由于各种原因引起的施工安全事故也越来越多。如2007年8月13日下午，湖南省凤凰县正在建设的堤溪沱江大桥发生特别重大坍塌事故（图5-1），造成64人死亡，4人重伤，18人轻伤，直接经济损失3974.7万元。又如株洲市红旗路高架桥爆破拆除发生坍塌事故（图5-2），现场24辆车被损毁，造成至少9人死亡，16人受伤。

图5-1　堤溪沱江大桥发生特别重大坍塌事故

图5-2　株洲市红旗路高架桥爆破拆除坍塌事故

施工阶段是安全事故频发阶段,事故一旦发生,将会给人们带来一定的财产损失甚至人员伤亡,为确保施工阶段的安全,有必要了解施工安全生产的特点和安全事故类型,并做好施工阶段的安全控制工作,本章将详细讲述施工安全生产的特点、安全事故类型以及施工安全的控制等内容。

5.2　施工安全生产的特点和事故类型

5.2.1　施工安全生产的特点

土木工程施工行业作为一个传统的工业部门,之所以成为一个危险的行业,与其本身具有的特点有关:

(1)土木工程施工是一个庞大的人机工程

在项目建设过程中,施工人员、施工机具和施工材料既发挥各自的作用,又必须相互联系,相互配合。这一系统的安全性和可靠性不仅取决于施工人员的行为,还取决于各种施工机具、材料以及建筑产品的状态。一般说来,施工人员的不安全行为和事物的不安全状态是导致意外伤害事故发生的直接原因。而土木施工中的人和物,以及施工环境中存在的导致风险的因素非常多,如果不能及时发现并且排除,将很容易导致安全事故。

另一方面,工程建设往往有多方参与,管理层次较多,管理关系复杂;仅现场施工就涉及了业主、施工方、监理工程师等。安全管理要做到协调管理、统一指挥需要先进的管理方法和较强的管理能力,而目前很多项目的管理依旧没能做到这一点。因此,施工过程及管理关系的复杂性共同决定了土木工程施工是一个庞大的人机工程。

(2)工程项目的施工具有单件性的特点

单件性是指没有两个完全相同的工程项目,不同项目所面临的事故风险的多少和种类都是不同的,同一个工程项目在不同的建设阶段所面临的风险也是不同的。土木施工人员在完成每一件工程产品的过程中,每天都面临着几乎全新的工作环境。因此,不同工程项目在不同施工阶段的安全事故类型和预防重点也各不相同。项目施工过程中层出不穷的各种风险是导致事故频繁发生的重要原因。

(3)工程项目施工具有离散性的特点

离散性是指工程产品的主要制造者——现场施工工人,在从事生产的过程中,分散于施工现场的各个部位,尽管有各种规章和计划,但他们面临具体的生产问题时,依旧不得不依靠自己的判断做出决定。因此,尽管部分工人已经积累了许多工程经验,还是必须不断适应一直变化的人-机-环境系统,从而增加了土木工程生产过程中由于工作人员采取不安全行为或者工作环境的不安全因素导致事故的风险。

(4)工程项目施工易受环境影响

工程项目施工大多在露天的环境中进行,工人的工作条件差,工作环境复杂多变,所进行的活动受施工现场的地理条件和气象条件的影响很大。如现场气温极高或者极低、现场照明不足(如夜间施工)、下雨或者大风等条件下施工时,容易导致工人生理或者心理的疲劳,注意力不集中,从而造成事故。由于工作环境较差,包含着大量的危险源,又因为一般流水施工使得班组需要经常更换工作环境,因此常常是相应的安全防护设施落后于施工过程。

（5）相关从业人员对于安全生产和事故预防存在错误观念

土木施工作为一门传统的产业部门，许多相关从业人员对于安全生产和事故预防的错误观念由来已久。由于大量的事件或错误操作并未导致伤害或者财产损失事故，而且同一诱因导致的事故后果差异很大，不少人认为事故完全是由于一些偶然因素引起的，因而是不可避免的。由于没有从科学的角度深入认识事故发生的根本原因并采取积极的预防措施，从而导致工程项目安全管理不力、发生事故的可能性增加。此外，传统工程项目的三大管理，即工期、质量和成本，是项目生产人员主要关注的对象，在施工过程中，往往为达到这些目标而牺牲安全。再加上目前建设市场竞争激烈，一些施工单位为了节约成本，经常削减用于安全生产的支出，更加剧了安全状况的恶化。

以上几点都是土木施工所固有的、导致事故频繁发生的一些特点，但理论和实践都证明，只要树立正确的安全观念，采取科学的安全管理措施，依然能够在施工工地营造一个安全的工作环境。

5.2.2　施工安全事故的类型

安全事故是指生产经营单位在生产经营活动（包括与生产经营有关的活动）中突然发生的，伤害人身安全和健康，或者损坏设备设施，或者造成经济损失的，导致原生产经营活动（包括与生产经营活动有关的活动）暂时中止或永远终止的意外事件。土木施工安全事故类型可以按事故的原因及性质、事故类别以及伤害程度进行分类。

1. 按事故的原因及性质分类

从建筑活动的特点及事故的原因和性质来看，建筑安全事故可以分为四类，即生产事故、质量问题、技术事故和环境事故。

（1）生产事故

生产事故主要是指在建筑产品的生产、维修、拆除过程中，操作人员违反有关施工操作规程等而直接导致的安全事故。这种事故一般在施工作业过程中出现，且事故发生的次数比较频繁，是建筑安全事故的主要类型之一。目前我国对建筑安全生产的管理主要是针对生产事故。

（2）质量问题

质量问题主要是指由于设计不符合规范或施工达不到要求等原因而导致建筑结构实体或使用功能存在瑕疵，进而引起安全事故的发生。

在设计不符合规范标准方面，主要是一些没有相应资质的单位或个人私自出图以及设计本身存在安全隐患。在施工达不到设计要求方面，一是施工过程违反有关操作规程留下的隐患，二是由于有关施工主体偷工减料的行为而导致的安全隐患。

质量问题可能发生在施工作业过程中，也可能发生在建筑实体的使用过程中。特别是在使用过程中，质量问题带来的危害是极其严重的，如果在外加灾害（如地震、火灾）发生的情况下，其危害后果是不堪设想的。质量问题也是建筑安全事故的主要类型之一。

（3）技术事故

技术事故主要是指由于工程技术原因而导致的安全事故，技术事故的结果通常是毁灭性的。技术是安全的保证，曾被确信无疑的技术可能会在突然之间出现问题，起初微不足道的瑕疵可能导致灾难性的后果，很多时候正是由于一些不经意的技术失误才导致了严重的事故。

在工程技术领域，人类历史上曾经发生过多次技术灾难，包括人类和平利用核能过程中的俄罗斯切尔诺贝利核事故、美国宇航史上最严重的一次事故—"挑战者"号爆炸事故等。在工程建设领域，这方面惨痛失败的教训同样也是深刻的，如1981年7月17日美国密苏里州发生的海厄特摄政通道垮塌事故。

（4）环境事故

环境事故主要是指建筑实体在施工或使用的过程中，由于使用环境原因或周边环境原因而导致的安全事故。

使用环境原因主要是对建筑实体的使用不当，比如荷载超标、静荷载设计而实际是动荷载使用以及使用高污染建筑材料或放射性材料等。对于使用高污染建筑材料或放射性材料的建筑物，一是给施工人员造成职业病危害，二是对使用者的身体带来伤害。

周边环境原因主要是一些自然灾害方面的，比如山体滑坡、泥石流等。在一些地质灾害频发的地区，应该特别注意环境事故的发生。环境事故的发生，往往归咎于自然灾害，其实是缺乏对环境事故的预判和防治能力。

2. 按事故类别分类

按事故类别分，主要可以分为六类，即高处坠落、物体打击、触电、机械伤害、坍塌、火灾，介绍如下。

（1）高处坠落

操作者在高于基准面2 m以上的作业，称为高处作业，在高处作业时造成的坠落为高处坠落。在土木施工中涉及高处作业的范围很广。在建筑物或构筑物结构范围以内的各种形式的洞口和临边性质作业，悬空与攀登作业，操作平台与立体交叉作业，在主体结构以外的场地上和通道旁的各类洞、坑、沟、槽等作业，脚手架、井字架、施工用电梯、模板的安装拆除，各种起重吊装作业等，都易发生高处坠落事故。

（2）物体打击

施工现场在施工过程中，经常会有很多物体从高处落下来，打到了下面或旁边的作业人员，即产生了物体打击事故。凡在施工现场作业的人，都有被打击的可能，特别是在一个垂直平面的上下交叉作业，最容易发生打击事故。

（3）触电事故

电是施工现场中各种作业的主要动力来源，各种机械、机具等主要依靠电来驱动，即使不使用机械设备，也还要用各种照明灯具。触电事故主要是设备、机械、工具等漏电，电线老化破皮，违章使用电气用具，对施工现场周围的外电线路没有采取防护措施等所造成的。

（4）机械伤害

施工现场需要使用各种机械，包括电平刨、圆盘锯等手工机械，拉直机、弯曲机等钢筋加工机械，电焊机，搅拌机，各种气瓶及手工电动工具等，这些机械在使用中，因缺少防护和保险装置，易对操作者造成伤害。

（5）坍塌事故

主要是指在土方开挖或深基础施工导致的土方坍塌以及拆除工程、在建工程及临时设施等的部分或整体坍塌。

（6）火灾事故

主要是指施工人员在现场乱扔烟头，焊接与切割动火及用水、用电、使用易燃易爆材料等不慎造成火灾、爆炸。

3. 按伤害程度分类

可以分为轻伤事故、重伤事故和死亡事故、重大死亡事故、特大死亡事故五类，见表 5 - 1。

表 5 - 1　按伤害程度划分安全事故表

轻伤事故	指一次事故只有轻伤的事故
重伤事故	指一次事故只有重伤无死亡的事故
死亡事故	指一次事故死亡 1 ~ 2 人的事故
重大死亡事故	指一次事故死亡 3 ~ 9 人的事故
特大死亡事故	指一次事故死亡 10 人以上（含 10 人）的事故

5.3　施工阶段土木工程安全控制

由于土木工程施工阶段是工程建设最危险的阶段，也是安全事故发生最频繁的阶段，如何确保施工的安全进行，减少或防止安全事故的发生是一个非常重要的问题，为了很好地解决这个问题，需要做好施工安全控制工作，建立施工安全控制体系，体系组成如图 5 - 3 所示。

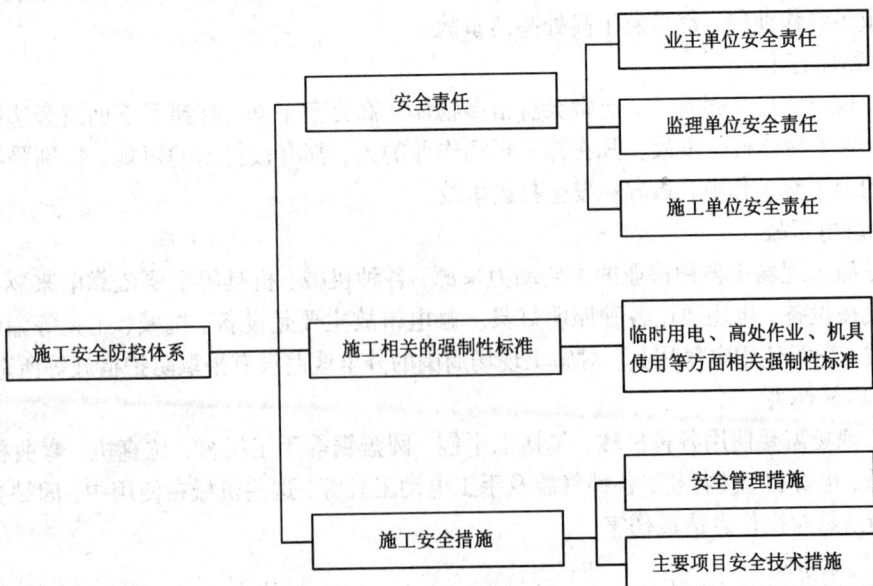

图 5 - 3　施工安全控制体系

施工安全控制工作主要从加强施工各方安全责任、施工相关的强制性标准和施工安全措施三方面进行，要做好施工项目的安全过程控制管理工作，必须做到六个坚持：

(1)坚持管生产同时管安全

安全寓于生产之中，并对生产发挥着促进与保证作用。因此，安全与生产虽有时会出现矛盾，但从安全、生产管理的目标来看，两者表现出高度的一致和完全的统一。

(2)坚持目标管理

安全管理的内容是对生产中的人－机－环境因素状态的管理，有效地控制人的不安全行为和物的不安全状态，消除或避免事故，达到保护劳动者的安全与健康的目的。

(3)坚持预防为主

安全生产的方针是"安全第一、预防为主"，"安全第一"是从保护生产力的角度和高度，说明在生产范围内，安全与生产的关系，肯定了安全在生产活动中的位置和重要性。"预防为主"是端正对生产中不安全因素的认识和消除不安全因素的态度，选准并消除不安全因素。

(4)坚持全员管理

安全管理不是少数人和安全机构的事，而是一切与生产有关的机构、人员共同的事，缺乏全员的参与，安全管理不会有生机活力，不会出现好的管理效果。

(5)坚持持续改进

安全管理是在变化着的生产经营活动中的管理，是一种动态管理。其管理意味着需要不断改进、不断发展、不断变化，以适应变化的生产活动，消除新的危险因素，同时需要不间断地摸索新的规律，总结控制的办法与经验，指导新的变化后的管理，从而不断提高安全管理水平。

(6)坚持文明施工与环境保护

在施工组织设计或施工方案中，针对施工区、办公区及生活区的环境卫生管理，要有完善的文明施工方案，包括有健全的施工指挥系统和岗位责任制度，交叉合理的工序衔接，明确的交接责任。

5.3.1 土木工程现场施工安全控制特点及不足

在土木工程现场施工过程中强调施工的安全问题，其目的在于在施工过程中最大限度地防止施工人员出现人身伤害，降低给国家财产造成的损失，为工程的顺利施工提供保障。只有通过合理有效的现场施工安全控制，才能够避免安全事故的出现。

1. 土木工程现场施工安全控制的特点

(1)流动性

在国内的建筑领域，其施工队伍常常是由农民工组成的，根据相关统计结果显示，85%以上的施工队伍其组成人员皆是农民工。其人员的流动性相对较大，这就使得施工时间相对延长，施工环境发生变化，项目要求也不尽相同，这就为安全控制带来了一定的困难。建筑项目通常分成结构主体施工与附属结构施工两大阶段，各个阶段对建筑队伍的要求在不断的发生变化，其施工工序、作业环境、影响施工安全的因素等方面也随之发生变化，这就对现场施工的安全控制产生了一个新的挑战。

(2)密集性

目前纵观国内的建筑行业，其机械化程度相对较低，施工人员的密集程度相对较高，这就使得其工作人员出现安全事故的几率明显提高。加之施工人员大都是由农民工组成的，人员素质相对较低，专业知识以及专业技能还有待提高，且施工单位通常不会对其进行岗位培训，这无形中加大了土木工程现场施工安全控制的困难程度。

（3）复杂性

我国幅员广阔，地形地貌情况较为复杂，不同地域的施工单位的技术情况、经济实力差异较大。一般来说，在一个施工项目中会出现多个施工单位配合施工的现象，这就对现场施工安全控制提出了更高的要求。

2. 当前土木工程现场施工安全控制管理中的不足

①土木工程施工中安全责任制度不完善，与施工相关的各方对自己在施工过程中应承担的安全责任不够重视。

②施工强制性标准在作业人员的意识中正在弱化。施工过程中，许多作业人员无视施工强制性标准，按照自己的经验，违规作业，最终导致安全事故的发生。

③建筑工程是一个工序较为复杂的工程，其中涉及多个环节。政府相关部门并没有对施工现场的安全进行监督，相应的法律法规不健全，对工程各方的职责没有进行明确的划分，对各方的权利以及义务也没有进行明确的规定，更没有组建专门的管理部门进行日常监督工作，这就为施工单位出现违法行为提供了便利条件。

④在项目施工之前，施工单位没有按照安全管理制度对施工人员进行必要的安全培训，部分企业没有深入落实安全教育制度，仅有形式上的安全教育，甚至有的施工单位没有对施工人员进行安全教育，这使得施工人员在上岗工作之后对岗位的职责没有清楚的认识，其安全意识也没有得到强化。

5.3.2　施工阶段各方的安全责任

安全是与施工相关所有人的共同责任，工程施工有关各方都应重视并承担各自的安全责任。土木工程在施工阶段的安全责任通常由业主单位、工程设计单位、工程监理单位、工程施工单位等共同承担，各方重视自己在工程施工中所应承担的安全责任，加强施工安全控制力度，只有这样施工阶段安全才能得到有力的保障。

1. 业主单位在施工阶段中的安全责任

业主单位通常是土木工程的投资方，对该工程拥有产权的单位。业主在其建造的每一工程中都扮演着重要的角色。

在美国，直到20世纪80年代，绝大多数人依旧认为：一旦业主与施工单位签订工程合同，业主就把施工过程中所有发生工程事故的风险转嫁给了施工方，施工方必须承担由事故所带来的所有经济损失和法律责任。通常在合同中都有相应的免责条款来保护业主的相关利益。因此，所有与工程安全相关的管理工作都应该由施工方独立承担，业主没有任何责任。

然而，近几十年来，越来越多的业主逐渐意识到工程安全事故同样会给他们带来很多负面的影响和损失。一旦施工项目发生事故，无论合同条款如何保护业主的利益，业主都不得不与施工方共同面对由事故导致的施工中断，工人生产效率低下，乃至由事故引起的经济损失和法律纠纷等。这些直接的后果，不但有可能影响业主与施工方的长期合作关系，损害双方的声誉与形象，甚至有可能导致整个工程的失败。另外，近几十年来，在美国出现了越来越多的关于土木安全事故的法律纠纷，将业主告上了法庭，尽管业主并不是在每起法律案件中都被判败诉，但是由这些案件所带来的经济损失以及对企业形象的负面影响，都是不可忽视的。

在我国，越来越多的业内人士逐渐意识到，没有业主的积极参与，土木施工安全工作就无法实现零事故的目标。我国国务院颁布并于 2004 年 2 月正式开始实施的《建设工程安全生产管理条例》（以下简称《条例》）用一个独立的章节对建设单位（即业主）在建设项目安全管理中应担负的责任进行了具体的规定。《条例》对建设单位安全责任的若干规定如下：

①建设单位不得对勘察、设计、施工、工程监理等单位提出不符合建设工程安全生产法律、法规和强制性标准规定的要求，不得压缩合同约定的工期。

合同约定的工期是建设单位和施工单位经过双方论证、磋商约定的或者通过招标投标确定的、具有法律效力的合同内容。建设单位不能为了早日发挥项目的效益，迫使施工方大量增加人力、物力投入，简化施工工序，不按规程操作，诱发了很多施工安全事故，这不仅损害了施工单位的利益，也损害了建设单位的根本利益。

②建设单位在编制工程概算时，应当确定建设工程安全作业环境及安全施工措施所需费用。

工程建设与一般的生产经营不同，改善安全作业环境、落实安全生产措施一般均由施工单位来实施，保证安全生产条件的资金投入也由施工单位来使用，但安全作业环境及施工措施所需费用应当由建设单位承担。

原因有两点：其一，安全作业环境及安全施工措施所需费用是保证建设工程安全和质量的重要条件，该费用应是工程总造价的组成部分，应当由建设单位支付；其二，建设工程产品单一、体积庞大、露天生产、高处作业、环境多变、危险性较高，需要复杂大量的安全措施，并且大多数为一次性的，要保证安全生产，需大量的资金投入，因此有必要专列一条规定以明确其为建设单位的责任。

③建设单位不得明示或者暗示施工单位购买、租赁、使用不符合安全施工要求的安全防护用具、机械设备、施工机具及配件、消防设施和器材。

在已发生安全事故中，因使用不符合安全生产要求的安全防护用具、机械设备、施工机具及配件、消防设施和器材的案例屡见不鲜，其中许多是由于建设单位干预施工单位采购造成的。

究其原因，一是由于经济利益驱动，建设单位为了降低投资成本，忽视安全问题；二是个别建设单位的人员受个人利益驱动，非法接受供应商的贿赂或者回扣，明示或者暗示施工单位选购某厂家产品。建设单位干预施工单位的正常采购工作的行为，会危害到建设工程的施工安全和使用安全。

④建设单位应当向施工单位提供施工现场及毗邻区域内供水、排水、供电、供气、供热、通信、广播电视等地下管线资料，气象和水文观测资料，相邻建筑物和构筑物、地下工程的有关资料，并保证资料的真实、准确、完整。建设单位因工程建设需要，向有关部门或者单位查询上述资料时，有关部门或单位应当及时提供。

⑤建设单位应当将拆除工程发包给具有相应资质等级的施工单位。在拆除工程施工 15 日前，将下列资料报送建设工程所在地的县级以上地方人民政府建设行政主管部门或者其他有关部门备案：施工单位资质等级证明，拟拆除建构筑物及可能危及毗邻建构筑物的说明，拆除施工组织方案，堆放、清除废弃物的措施。

国内许多安全事故与业主有关，许多业主无视或逃避安全责任，从而导致安全事故的发生。如2005年7月21日，海珠区江南大道海珠城广场B区施工现场发生一起基坑坍塌重大安全事故(图5-4)，造成3人死亡、8人受伤，事故调查组一致认为，造成本次事故发生的一个重要原因是业主无视其在施工阶段的安全责任。

图5-4 广州海珠城广场基坑坍塌事故

业主是参与施工阶段重要成员之一，一个项目的安全顺利进行离不开业主的参与，业主应该认真履行自己在施工阶段的安全责任，协调好与其他各方的关系，才能有效地减少施工安全事故的发生。

2. 工程设计单位在施工阶段中的安全责任

建设项目的施工是一个复杂的人机工程，需要不同工种和技术的结合。在很多情况下正是设计师设计的方案，决定了施工现场存在的危害和安全隐患。过去对安全管理的改善一直是以施工方为核心进行的，设计方在安全方面的责任则很少被提到。新的《条例》对设计单位的安全责任做出了规定：

①设计单位应当按照法律、法规和工程建设强制性标准进行设计，防止因设计不合理导致生产安全事故的发生。

②设计单位应当考虑施工安全操作和防护的需要，对涉及施工安全的重点部位和环节在设计文件中应注明，并对防范生产安全事故提出指导意见。

③对于采用新结构、新材料、新工艺的建设工程和特殊结构的建设工程，设计单位应当在设计中提出保障施工作业人员安全和预防生产安全事故的措施建议。

④设计单位和注册执业人员应当对其设计负责。

3. 工程监理单位在施工阶段中的安全责任

工程监理单位是受建设单位或其他单位的委托，按照合同的约定完成授权范围内的工作和任务。事实上，监理作为对施工全过程的监理，其工作贯穿于施工现场生产的全过程。因此，无论建设单位是否委托监理单位实施安全监理工作，监理单位对安全工作也都应进行监理。由于安全工作的重要性，安全监理是建设监理的一个非常重要的组成部分。

实际上，质量和安全两者很难明确分开，如混凝土工程需要靠一定量的模板来完成，监理单位只关心钢筋的绑扎、浇筑混凝土，而一旦模板部分有问题，混凝土就会出现倒塌等意想不到的结果，对模板工程进行检查验收也是安全工作的内容。事实上各方的工作都与监理紧密相连，监理工作完成的好坏，做的是否规范，关系到能否杜绝、控制和减少各类伤亡事故，保证安全生产。

工程建设安全监理的目的是对工程建设中人的不安全行为、物的不安全状态、作业环境的防护及施工全过程进行安全评价、动态监控管理和督查，并采取法律、经济、行政和技术的手段，保证建设行为符合国家安全生产、劳动保护法律、法规和有关政策，制止建设行为中的冒险性、盲目性和随意性，督促落实各级安全责任制和各项技术安全措施，有效地杜绝各类事故隐患，实现安全生产。《条例》对工程监理单位的安全责任作出规定：

①工程监理单位应当严格审查施工组织设计中的安全技术措施和施工现场临时用电方案及专项施工方案是否符合工程建设强制性标准。对不符合法律、法规和建设工程强制性标准的提出整改意见，未整改的不得实施。

②工程监理单位在实施监理过理中，发现存在安全事故隐患的，应当要求施工单位及时整改；情况严重的，应当要求施工单位暂时停止施工，并及时报告建设单位。施工单位拒不整改或者不停止施工的，工程监理单位应当及时向有关主管部门报告。

③工程监理单位和监理工程师应当按照法律、法规和工程建设强制性标准实施监理，并对建设工程安全生产承担监理责任。

4. 工程施工单位在施工阶段中的安全责任

无论何时，施工单位都应保证施工现场有一个安全的施工环境和生产过程。因为施工单位不仅对自己的员工、代理商、分包商的安全负有直接责任，也对施工过程中安全计划的实施和由于事故所导致的法律诉讼负有直接责任。因此，施工单位必须保证所有工作都是在符合安全法规的环境下进行的，这些法规包括但不限于《条例》和其他相关安全法规。

《条例》中对施工单位的安全责任作出的主要规定有以下几条：

①施工单位从事建设工程的新建、扩建、改建和拆除等活动，应当具备国家规定的注册资本、专业技术人员、技术装备和安全生产等条件，依法取得相应等级的资质证书、相关认证、营业执照，并在其资质等级、相关认证及营业执照许可的范围内承揽工程。

本条规定主要针对施工单位从事工程建设活动的市场准入和市场行为方面。建筑市场秩序混乱、市场行为不规范是导致建筑施工事故多发的一个重要原因。多年来建筑市场中无证施工、越级承包、非法转包、违法分包的现象十分严重，有些工程往往在不具备安全生产条件的情况下盲目开工建设，施工作业中不注重安全生产管理，安全隐患多，事故发生率高。

施工单位必须具备基本的安全生产条件才能取得相应的资质证书，因为安全生产条件是保障安全生产的基础，如果企业不具备相关条件，则会给施工留下严重隐患。如 2000 年 12 月 11 日，重庆市某房地产公司开发建设的江北某小区的挡土墙基槽开挖时，边坡土方坍塌，造成边坡土壁下正在开挖施工的 4 名工人死亡（图 5 - 5），该事故发生的一个重要原因是管理方面存在问题，工程项目无证施工，未办理施工许可证、未办理安全报监、监理公司未按规定进行监理，使工程施工处于无监管状态。

②施工单位从事建设工程的新建、扩建、改建和拆除等活动，均应保证本单位安全生产设施所需资金的投入，对于列入建设工程概算的安全作业环境及安全施工措施所需费用，应当用于施工安全防护用具及设施的采购和更新、安全施工措施的落实、安全生产条件的改

图 5 – 5　重庆江北某小区挡土墙边坡坍塌事故现场图

善，不得挪作他用。

　　安全生产资金投入没有保障是导致安全事故发生的主要原因之一，从法律上保证安全生产资金投入，是十分必要和迫切的。某些企业经营者往往只考虑自己眼前的经济利益，不顾职工的生命安全和身体健康，安全生产投入严重不足，甚至根本不投入，致使施工现场安全防护不到位、措施不落实，事故隐患增多，导致安全事故时有发生。所以，施工单位对施工生产的必要安全生产费用必须予以保证，不得挪用，否则施工单位应承担相应的法律责任。

　　③施工单位在采用新技术、新工艺、新设备、新材料以及作业人员进入新的岗位或者新的施工现场前，应当对作业人员进行安全生产教育培训，未经教育培训或者教育培训不合格的人员，不得上岗作业。

　　对作业人员进行安全生产教育培训是非常重要的，因为作业人员在作业时缺少必要的安全知识，违规操作，很可能导致施工安全事故的发生。如 2000 年 6 月 10 日，沈阳市某花园5 号工地，沈阳市某建筑公司机运站私招 5 名工人，拆除一台 QTG40 塔机。由于这些工人缺乏专业知识，也没有进行过安全生产培训，在拆除过程中违反操作规程，导致起重臂、平衡臂、顶升套架、回转机构、塔顶等部件从 30m 高处坠落，造成 3 人死亡、1 人受伤、塔机报废的重大机械事故(图 5 –6)。

　　④施工单位从事建设工程的新建、扩建、改建和拆除等活动，所有机具均应有定期检定合格证书，并保证在有效期内。不得使用未经检定就获得相关许可的机具。施工现场的安全防护用具、机械设备、施工机具及配件必须由专人管理，定期进行检查、维修和保养，建立相应的资料档案，并按照国家有关规定及时报废。

　　⑤建设工程施工前，施工单位负责项目管理的技术人员应当对有关安全施工技术要求向施工作业班组、作业人员作详细说明，并有双方签字确认。

　　施工现场交叉作业与手工操作多、劳动强度大、作业环境复杂、作业人员的专业素质相对较低，容易发生安全事故。如 2002 年 12 月 8 日，上海市宝山区华灵路某建筑工程发生一

图 5 - 6　辽宁省沈阳市某花园 5 号工程塔机倾覆事故现场图

起垂直运输井架提升机倒塌倾覆事故，造成 3 人死亡、1 人受伤(图 5 - 7)。事故发生的主要原因是在井架搭设前，施工单位没按规定编制专项施工方案，作业前也没向作业人员讲明安装程序和应采取的稳定措施，致使安装过程违反规定造成架体失稳。因此施工单位有必要对工程项目的概况、危险部门和施工技术要求、作业安全注意事项等向作业人员作详细说明，以保证施工质量和安全生产。

图 5 - 7　上海市某建筑工程井架倒塌事故

5. 其他参与单位的安全责任

①提供机械设备和配件单位的安全责任

提供机械设备和配件的单位应当按照安全施工的要求配备齐全有效的保险、限位等安全设施和装置。

②出租单位的安全责任

出租机械设备和施工机具及配件的单位应当具有生产(制造)许可证、产品合格证；应当对出租的机械设备和施工机具及配件的安全性能进行检测，在签订租赁协议时，应当出具检测合格证明；禁止出租检测不合格的机械设备和施工机具及配件。

③拆装单位的安全责任

拆装单位在施工现场安装、拆卸施工起重机械和整体提升脚手架、模板等自升式架设设施必须具有相应等级的资质。安装、拆卸施工起重机械和整体提升脚手架、模板等自升式架设设施，应当编制拆装方案，制定安全施工措施，并由专业技术人员现场监督。

④检验检测单位的安全责任

检验检测机构对检测合格的施工起重机械整体提升脚手架、模板等自升式架设设施，应当出具安全合格证明文件，并对检测结果负责。

5.3.3　建设施工强制性标准

人的不安全行为是施工安全事故发生的一个重要原因，施工现场作业时，有些作业人员没有遵守安全施工的相关要求，违规操作，从而导致安全事故的发生。为了加强施工人员的安全意识，降低安全事故发生频率，有必要结合相关施工强制性标准来规范施工行为。本节从临时用电、高处作业、机具使用三个方面介绍施工强制性标准。

1. 临时用电

为了保障施工现场临时用电安全，《施工现场临时用电安全技术规范》(JGJ 46—2005)在以下方面做出了规定：

(1)建筑施工现场临时用电工程专用的电源中性点直接接地的220/380V 三相四线制低压电力系统必须满足的规定

①采用三级配电系统(图5-8)；②采用 TN-S 接零保护系统(图5-9)；③采用二级漏电保护系统(图5-10)。

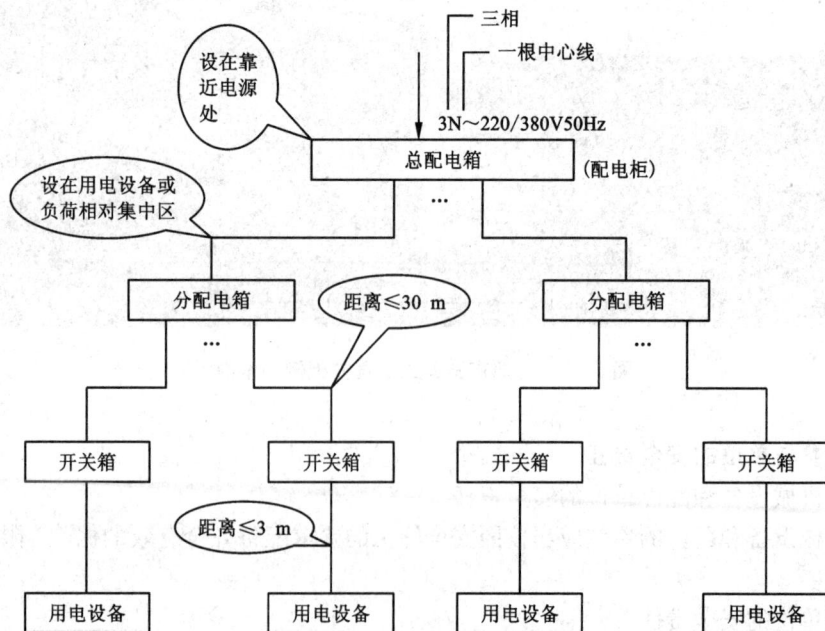

图5-8　三级配电系统结构形式示意图(放射式配电)

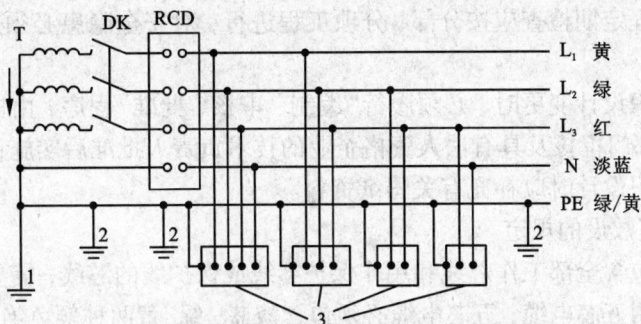

图 5 - 9　TN - S 接零保护系统示意图

其中：1—工作接地；2—PE 线重复接地；3—电气设备金属外壳（正常不带电的外露可导电部分）；L1、L2、L3—相线；N—工作零线；PE—保护零线；DK—总电源隔离开关；RCD—总漏电保护器（兼有短路、过载、漏电保护功能的漏电断路器）；T—变压器

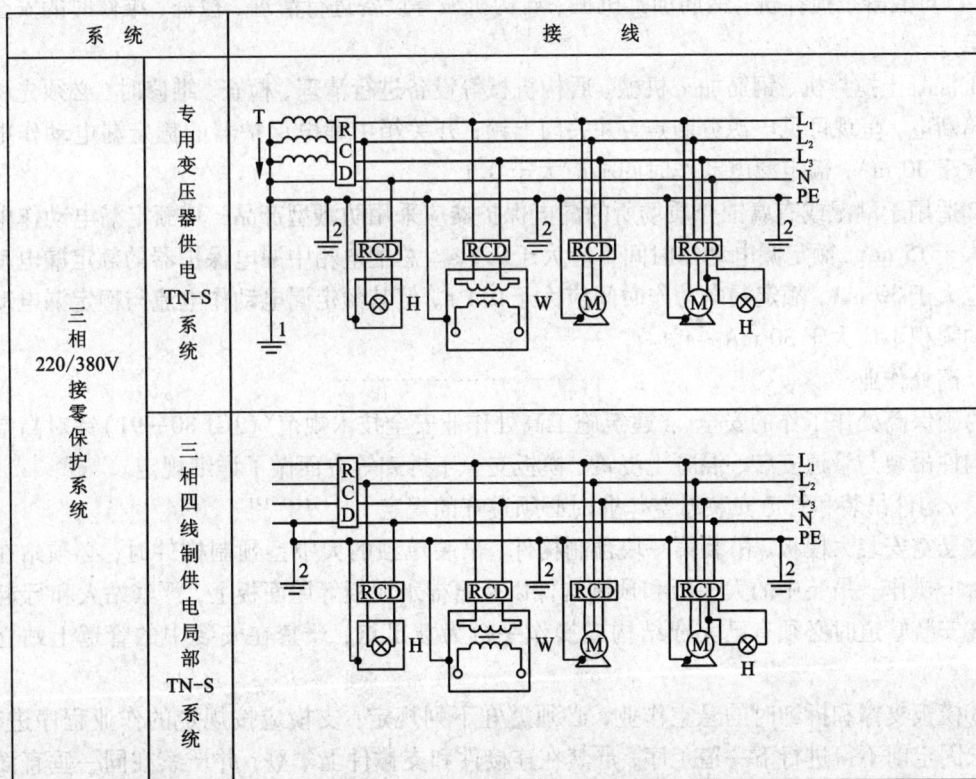

图 5 - 10　2 级漏电保护系统示意图

注：L1、L2、L3 —相线；N —工作零线；PE —保护零线；DK —总电源隔离开关，RCD —总漏电保护器；H – 照明灯；W -电焊机；M -电动机。

（2）临时用电工程的定期检查、安全隐患的处理、临时用电组织设计变更的程序

①临时用电工程定期检查应按分部、分项工程进行，对安全隐患必须及时处理，并应履行复查验收手续

②临时用电组织设计变更时，必须履行"编制、审核、批准"程序，由电气工程技术人员组织编制，经相关部门审核及具有法人资格企业的技术负责人批准后实施；

③变更用电组织设计时应补充有关图纸资料。

（3）电缆及电缆敷设的规定

①电缆中必须包含全部工作芯线和用作保护零线或保护线的芯线，需要三相四线制配电的电缆线路必须采用五芯电缆；五芯电缆必须包含淡蓝、绿/黄两种颜色绝缘芯线，淡蓝色芯线必须用作 E 线；绿/黄色芯线必须用作 NP 线，严禁混用。

②电缆线路应采用埋地或架空敷设；严禁沿地面明设，并应避免机械损伤和介质腐蚀；电缆线不得敷设在水中或在金属管道上通过。

③施工现场应设标志，严禁机械、车辆等在电缆上通过；对夜间影响飞机或车辆通行的在建工程及机械设备，必须设置醒目的红色信号灯，其电源应设在施工现场总电闸开关的前侧，并应设置外电线路停止供电时的应急自备电源。

（4）对混凝土搅拌机、钢筋加工机械、盾构机械等设备进行清理、检查、维修时的安全用电规定

①混凝土搅拌机、钢筋加工机械、盾构机械等设备进行清理、检查、维修时，必须先将其开关箱断电，呈现可见电源分断点，并关门上锁；开关箱中漏电保护器的额定漏电动作电流不应大于 30 mA，额定漏电动作时间不应大于 0.1 s。

②适用于潮湿或有腐蚀介质场所的漏电保护器应采用防溅型产品，其额定漏电动作电流不应大于 15 mA，额定漏电动作时间不应大于 0.1 s。总配电箱中漏电保护器的额定漏电动作电流应大于 30 mA，额定漏电动作时间应大于 0.1 s，但其额定漏电动作电流与额定漏电动作时间的乘积不应大于 30 mA·s。

2. 高处作业

为确保高处作工作的安全，《建筑施工高处作业安全技术规范》(JGJ 80—91)针对高空作业的构件吊装与管道安装、混凝土浇筑、模板支撑于拆卸等方面做了详细规定。

（1）构件吊装和管道安装悬空作业时必须遵守的规定

①悬空安装大模板、吊装第一块预制构件、吊装单独的大中型预制构件时，必须站在操作平台上操作。吊装中的大模板和预制构件以及石棉水泥板等屋面板上，严禁站人和行走。

②安装管道时必须有已完成结构或操作平台为立足点，严禁在安装中的管道上站立和行走。

③模板支撑和拆卸时的悬空作业，必须遵守下列规定：支模应按规定的作业程序进行，模板未固定前不得进行下一道工序；严禁在连接件和支撑件上攀登，并严禁在同一垂直面上装、拆模板；结构复杂的模板，装、拆应严格按照施工组织设计的程序进行；支设悬挑形式的模板时，应有稳固的立足点；支设悬空构筑物模板时，应搭设支架或脚手架；模板上有预留洞时，应在安装后将洞盖没；混凝土板上拆模后形成的毛边或洞口，应进行防护。

（2）混凝土浇筑悬空作业时必须遵守的规定

①浇筑离地 2 m 以上框架、过梁和雨篷和小平台时应设操作平台，不得直接站在模板或

支撑件上操作。

②浇筑拱形结构，应自两边拱脚对称地相向进行。

③浇筑储仓，下口应先行封闭，并搭设脚手架以防人员坠落。特殊情况下如无可靠的安全设施，必须系好安全带并扣好保险钩，并架设安全网。

（3）模板支撑和拆卸悬空作业时必须遵守的规定

①按规定的作业程序进行，模板未固定前不得进行下一道工序；严禁在连接件和支撑件上攀登上下，并严禁在上下同一垂直面上装、拆模板。

②结构复杂的模板，装、拆应严格按照施工组织设计的措施进行；支设悬挑形式的模板时，应有稳固的立足点；支设临空构筑物模板时，应搭设支架或脚手架。

③模板上有预留洞时，应在安装后将洞盖没。混凝土板上拆模后形成的临边或洞口，应按本规范有关章节进行防护；拆模高处作业，应配置登高用具或搭设支架。

3. 脚手架的使用

为保证脚手架（图 5－12）的安全使用，《建筑施工扣件式钢管脚手架安全技术规范》（JGJ 130）针对脚手架材质、稳定性计算部位的确定、脚手架安装、定期检查做了如下规定。

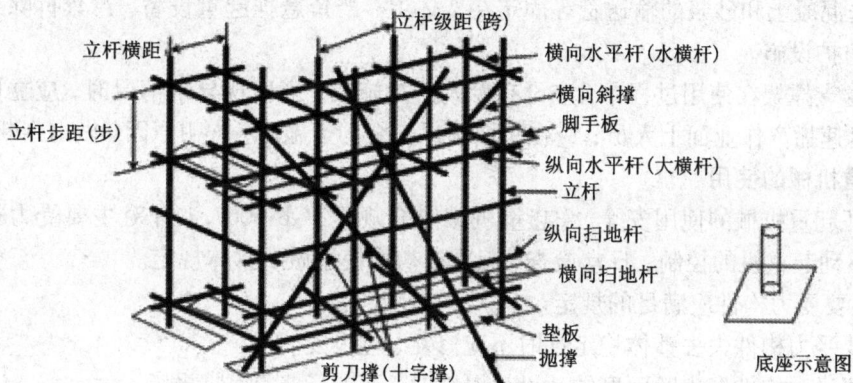

图 5－11　脚手架结构图

（1）脚手架材质必须满足的规定

脚手架钢管应采用现行国家标准《直缝电焊钢管》（GB/T 13793）或《低压流、体输送用焊接钢管》（GB/T 3091）中规定的 Q235 普通钢管；钢管的钢材质量应符合现行国家标准《碳素结构钢》（GB/T 700）中 Q235 级钢的规定，脚手架钢管宜采用 $\phi48.3 \times 3.6$ 钢管，且每根钢管的最大质量不应大于 25.8 kg。

（2）立杆稳定性计算部位的确定应符合的规定

①当满堂脚手架采用相同的步距、立杆纵距、立杆横距时，应计算底层立杆段；当架体的步距、立杆纵距、立杆横距有变化时，除计算底层立杆段外，还必须对出现最大步距、最大立杆纵距、立杆横距等部位的立杆段进行验算。

②当架体上有集中荷载作用时，尚应计算集中荷载作用范围内受力最大的立杆段。

③主节点处必须设置一根横向水平杆，用直角扣件扣接且严禁拆除。脚手架必须设置

纵、横向扫地杆；纵向扫地杆应采用直角扣件固定在距钢管底端不大于 200 mm 处的立杆上；横向扫地杆应采用直角扣件固定在紧靠纵向扫地杆下方的立杆上。

（3）脚手架安装应该满足的规定

①对钢管、扣件、脚手板、可调托撑等进行检查验收，不合格产品不得使用。

②脚手架剪刀撑与单、双排脚手架横向斜撑应随立杆、纵向和横向水平杆等同步搭设，不得滞后安装。

③单、双排脚手架拆除作业必须由上而下逐层进行，严禁上下同时作业；连墙件必须随脚手架逐层拆除，严禁先将连墙件整层或数层拆除后再拆脚手架；分段拆除高差大于两步时，应增设连墙件加固。

（4）脚手架定期检查应该满足的规定

①杆件的设置和连接，连墙件、支撑、门洞桁架等的构造应符合规范和专项施工方案的要求；地基应无积水，底座应无松动，立杆应无悬空；扣件螺栓应无松动。

②高度在 24 m 以上的双排、满堂脚手架，其立杆的沉降与垂直度的偏差应符合规范的规定；高度在 20 m 以上的满堂支撑架，其立杆的沉降与垂直度的偏差应符合规范的规定。

③安全防护措施应符合规范要求，无超载使用，钢管上严禁打孔，不得将模板支架、缆风绳、泵送混凝土和砂浆的输送管等固定在架体上；严禁悬挂起重设备，严禁拆除或移动架体上安全防护设施。

④满堂支撑架在使用过程中，应设有专人监护施工，当出现异常情况时，应立即停止施工，并应迅速撤离作业面上人员；应在采取确保安全的措施后，查明原因、做出判断和处理。

4. 起重机械的使用

为保证起重机械的使用安全，《起重机械安全规程》GB 6067.1 针对主要受力构件的使用、动力驱动起重机的控制、日常检查、起重机初次使用做了具体规定。

（1）主要受力构件应满足的规定

①主要受力构件失去整体稳定性时不应修复，应报废。

②主要受力构件发生断面腐蚀达设计厚度时，不如能修复，应报废。

③主要受力构件因产生塑性变形，使工作机构不能正常地安全运行时，如不能修复，应报废。

（2）动力驱动起重机的控制规定

①动力驱动起重机起升、变幅、运行、回转机构都应装可靠装置；当机构要求具有载荷支持作用时，应装设机械常闭式制动器。

②在产生在的电压降或在电气保护元件动作时，不允导致各机构的动作失去控制。

③每台起重机械应备有一个或多个可从操作控制站操作的紧急停止开关，应能够停止所有的驱动机构；紧急停止开关动作时不应切断可能造成物品坠落的动力回路。

（3）起重机日常检查的规定

①每次换班或每个工作日开始，对在用起重机械应按其类型针对适合的内容进行日常检查；正常情况下每周检查一次，或按制造商规定的检查周期和根据起重机械的实际使用工况制定检查周期进行检查。

②起重机械如果停止使用 1 个月以上但不超过 1 年的应按日常检查内容进行检查；超过 1 年以上的应日常检查内容和定期检查内容进行检查。

（4）起重机新安装、大修使用及润滑保养应满足的规定

①对于新制造的、新安装的、改造和大修的起重机械在初次使用之前及起重机械发生重大设备事故之后再次使用应进行载荷起升能力试验。

②所有需要润滑的运动零件或器件应定期进行润滑，严格遵守制造厂规定的润滑部位（点）、润滑保养级别和润滑形式。

③更换的主要零部件应符合原制造商规定的技术要求，应经制造商同意，方可采用代用件及代用材料。

5. 龙门架及井架物料提升机的使用

为了安全地使用龙门架（图 5 - 12）和井架物料提升机（图 5 - 13），减少安全事故，必须遵守《龙门架及井架物料提升机安全技术规范》（JGJ 88）针对龙门架的使用、提升机安全防护装置、附墙架的使用、提升机的缆风绳做了具体规定。

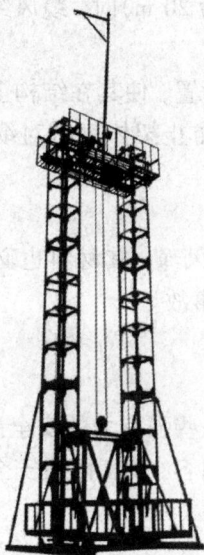

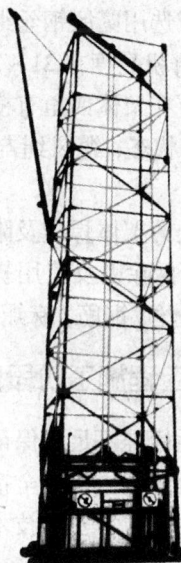

图 5 - 12　龙门架　　　　　　　　　　　图 5 - 13　井架物料提升机

（1）龙门架使用应符合的规定

①每班作业前，应对架体的主要联接点，传动系统、制动器、钢丝绳、安全装置和电气设备进行全面检查，发现异常及故障，应立即排除，禁止带病运转；严禁超载使用，物料应在吊盘上均匀分布。

②运送材料不得超出吊盘外，立放时应进行绑扎牢固，运行中不得移动，运送散料应装箱，防止运行中滑落。

③组装成功的龙门架应进行验收，并进行空载、动载和超载试验，全面检查各限制器是否处于正常运行阶段；闭合主电源前，应使用开关扳回零位，工作中突然断电时，应将所有开关扳回零位；在重新恢复作业前，确认各部件正常工作方可继续使用。

（2）提升机安全防护应该满足的规定

①安全停靠装置、吊篮运行到位时，停靠装置将吊篮定位。

②各楼停靠栏杆(门)，各楼层通道口处，应设置常闭的停靠栏杆(门)其强度应能承受1 kN/m²的水平荷载；上极限位器应安装在吊篮允许提升的最高工作位置；吊篮的越程(指从吊篮的最高位置与天梁最低处的距离)，应不小于3 m，当吊篮上升达到限定高度时，限位器即行动作，切断电源(指可逆式卷扬机)或自动报警(指摩擦式卷扬机)；

③紧急断电开关应设在便于司机操作的位置，在紧急情况下，应能及时切断提升机的总控制电源。

(3)附墙架的使用规定

①附墙架与架体及建筑之间，均应采用刚性件连接，并形成稳定结构，不得连接在脚手架上。

②附墙架的材质应与架体的材质相同，不得使用木杆、竹杆等做附墙架与金属架体连接。

(4)提升机的缆风绳应满足的规定

①缆风绳应选用圆股钢丝绳。提升机高度在20 m以下(含20 m)时，缆风绳不少于1组(4~8根)；提升机高度在21~30 m时，不少于2组。

②缆风绳应在架体四角有横向缀件的同一水平面上对称设置，使其在结构上引起的水平分力，处于平衡状态；缆风绳与架体的连接处应采取措施，防止架体钢材对缆风绳的剪切破坏。

③对连接处的架体焊缝及附件必须进行设计计算。

④在安装、拆除以及使用提升机的过程中设置的临时缆风绳，其材料也必须使用钢丝绳，严禁使用铁丝、钢筋、麻绳等代替，以减少缆风绳被拉断事故。

5.3.4 土木工程施工阶段安全措施

施工强制性标准不足以保证施工阶段的安全，必须采取一些强有力的安全措施，来防止或减少安全事故的发生。安全措施也是施工安全控制的重要内容，施工阶段安全措施包括安全管理措施和主要项目安全技术措施。

(1)一般要求

为贯彻"安全第一、预防为主"的安全生产方针，在施工过程中实现安全生产，成立以项目经理为负责人的现场安全管理小组，项目部建立各职能人员安全生产责任制。项目经理对项目部及班组长进行考核，对考核不合格者进行处罚，对优秀的进行奖励。制定各工种安全操作规程，并列为日常安全活动和安全教育的主要内容。现场配备专职安全员监督日常的安全工作，并与施工队签定安全生产协议书，明确双方责任。制定安全检查制度，每周对施工现场进行一次全面检查，凡不符合规定的和存在隐患的问题均进行登记，定人、定时间、定措施来解决，并对实际整改的情况进行登记，对上级下达的隐患整改通知书一并进行登记。

(2)安全管理措施

1)组织保证措施

项目经理：工程的安全第一责任人，全面负责工程安全生产。

项目副经理：按各自分工的职责范围，合理组织施工生产、后勤保障，认真执行各项安全生产规范、规定、标准及上级有关文明施工的规定要求。

项目工程师：负责施工组织设计中安全技术措施的编制，实施检查和新工艺、新技术的安全操作规程，安全技术措施制度和交底。对危险点、重要部位制订监控措施和落实人员。

安全员：在项目经理的领导下，认真做好日常安全管理工作，负责新进工地的人员安全教育工作，参加"四验收"、"巡查"工作及整改复查，掌握安全动态，当好项目经理的参谋，负责日常的安全资料整理积累工作。

施工员：按各自分工的职责范围，负责对施工班组的安全操作、规程、作业环境、区域的安全技术交底，并检查督促班组按交底要求进行施工。

材料员：确保提供合格的安全技术所需物资，且有符合规定要求的产品合格证明书，并经常检查，将废损不能使用的物料及时清退。

外劳力负责人：按有关规定要求，严格审查劳动力队伍资质、各类许可证及办妥各类证件。

机管员：确保提供施工生产中所需的机械设备，大型机械设备经验收合格和检测合格后挂牌使用，中小型机具必须符合安全使用规定标准，才能进入现场使用。

安全监护员：负责各自分工的监护区域，发现隐患及时消除，发现违章及时阻止，劝阻无效立即报告领导处理。

2）施工安全控制管理措施

①健全项目安全责任制，将安全生产的责任落实到各部门、各人，从项目经理到具体负责安全的人员成立安全生产管理小组。严格按照相关法律法规及安全生产的政策进行施工安全管理，定期召开安全组织会议，交流安全工作经验。突出安全管理人员的作用，使其在施工中具有一定的责任权力，从维护本单位利益及人员利益的立场出发进行安全管理，营造良好的安全施工氛围。

②实现建筑工程施工现场安全防护的规范化。在建筑工程的施工过程当中，严格执行设备进场的性能检查，严抓设备就位后的安全调试，坚决淘汰已报废的机械设备。对购买使用的设备要实行备案制度，记录设备使用过程中的故障、维修、保养情况，禁止对外运行中的设备违章指挥和违章操作，以保障设备的正常运行。

③政府相关部门应根据检查结果建立施工企业的安全问题电子档案，对在施工过程中发现的违规违法行为以及存在的安全隐患进行详细记录，对未按照相关规范进行施工作业的，根据相关法律的规定追究其责任。

④施工单位应建立完善的安全教育制度，对即将参与施工的人员进行必要的安全培训，在培训结束后进行考核，根据考核的结果决定人员是否具有上岗的资质。同时，定期组织施工人员进行学习，提高施工队伍的整体素质。

（3）主要项目安全技术措施

1）一般要求

①人员要求

特种作业人员必须全部持证上岗，所有人员严禁酒后作业。人员进入施工现场配戴安全帽、穿工作服及工作鞋。作业人员进场前，必须先进行三级安全入场教育，然后上岗操作。项目部编制管理人员和技术工人培训计划，并按计划对管理人员和技术工人进行安全知识培训和考核，做好记录。

②安全物资要求

物资采购选择经评定合格、有资质的物资供应商。对安全防护用品，如水平安全网、密目安全网等按规定须做进场试验的，经试验合格后方可使用；对安全帽、安全带、护目镜、绝缘手套等采购时必须有出厂合格证。任何人不得随意拆除各类安全警示标志、安全防护设施和安全防护装置。

③现场安全防（支）护要求

项目部负责人组织相关人员定期对安全防（支）护进行安全检查。因作业需要，临时拆改、变动防护设施，必须经施工负责人同意，并采取相应的可靠措施，作业后立即恢复。

④劳务分包队安全管理要求

项目部对新入场的分包队伍进行相关的安全知识培训。施工前向分包队伍进行专项安全技术交底。项目部监督检查分包队伍的安全生产管理和劳动保护用品使用情况。

⑤机械设备要求

项目部对进入施工现场的机械设备的技术状况进行验收，确认设备完好适用、安全装置齐全有效后方可使用。电力机械应搭设防护棚，设防雨罩。大型设备基础均应根据提供方提供的基础图进行基础施工，经验收合格后，由提供方（须具备资质）进行安装。经上级主管部门验收合格后方可使用。

现场机械操作人员应严格执行《建筑机械使用安全技术规程》（JGJ 33—2012）要求。大型设备进场安装后必须经专业检测以后才能使用，并且定机定人。大型机械设备的安拆必须编制详细的施工方案，对拆装单位资质、拆装人员的拆作证必须严格把关，拆装前必须做好专项安全教育和安全技术交底，保证安全装置灵敏有效。

2）施工中用电的安全措施

①现场施工用电必须采用三相五线制，配电箱必须设置总开关，同时做到一机、一闸、一漏电保护器。

②电缆线及支线架设必须架空或埋地，架空敷设必须采用绝缘线，不准直接扎在金属构架上，严禁用金属裸线绑扎。

③施工现场电器设备设施必须符合安全管理制度，现场电线电气设备设施必须有专业电工经常检查整理，发现问题必须立即解决。

④电力线和设备选型必须按国家标准限定安全载流量。

⑤所有电气设备和金属外壳必须具备良好的接地和接零保护，所有的临时电源和移动电具必须装置有效的二级漏电保护开关。

3）施工中消防及其安全措施

①现场组建以项目经理为第一责任人的防火领导小组和义务消防队员、班组防火员，消防干部持证上岗，层层签订消防责任书，把消防责任书落实到重点防火班组、重点工作岗位。

②施工现场配备足够的消防器材，统一由消防干部负责维护、管理、定期更新、保证完整、临警好用，并做好书面记录。

③划分动火区域，现场的动火作业必须执行审批制度，并明确一、二、三级动火作业手续，落实好防火监护人员。电焊工在动用明火时必须随身带好"二证"（电焊工操作证、动火许可证），"一器"（消防灭火器）、"一监护"（监护人职责交底书）。

④切割作业场所必须清除易燃物品，乙炔气和氧气存放距离不得小于2 m，使用时两者的距离不得小于5 m。

⑤建立灭火施救方案，在自救的同时及时报警。

4）防汛防台措施

①台风期间每天安排不少于 2 人专项值班，发现险情及时上报，并组织力量及时抢救。加强对电线、脚手架、活动房等的加固。

②雷雨天气，应停止高空露天操作，防止雷击，遇六级以上的大风时应暂停室外的高空作业，雪霜雨后应先清扫施工现场，略干不滑时再进行工作。

③外脚手架和防护架须设剪力撑和防风设施，防止倒塌，脚手架上严禁堆放材料和其他重物，支模架任一杆件均不得与脚手架联结。混凝土泵管不得附着或联结在脚手架上，必须单独设置独立的支撑系统，与脚手架分离。

5.4　施工阶段安全事故案例

2011 年 9 月 10 日上午，西安市未央路凯玄大厦项目施工现场发生脚手架架体整体坍塌事故，事故导致 12 名作业人员自 19 层高处坠落，造成 10 人死亡、1 人重伤、1 人轻伤，直接经济损失约 890 万元（图 5 - 14）。

图 5 - 14　凯玄大厦脚手架坍塌事故现场

（1）事故经过

2011 年 9 月 9 日下午，某建筑工程有限公司凯玄大厦项目部召开例会，生产负责人安排外架班长带领架子工把整体提升脚手架从 20 层落到 16 层。9 月 10 日上午 5 时许，8 名外墙装修人员登上位于凯玄大厦 20 层高处脚手架上开始清洗外墙面；7 时 20 分，外架班长带领 8 名架子工人员开始进行整体提升脚手架的降架工作，同时架体上还有 8 名工人在清洗外墙面，且清洗人员都集中在了楼体东边的架体上。8 时 20 分左右，附着式升降脚手架东侧偏南共 4 个机位、长度约 22 m、高度 14 m 的提升脚手架架体发生整体坍塌。

（2）救援情况

事故发生后，西安市立即启动了事故应急预案，市政府主要领导带领市建设、卫生、公安、安全监管、消防等有关部门人员立即赶赴事发现场组织开展事故救援。当日 10 时 20 分，12 名工人被相继救出，分别被送往各医院。西安市政府于当日 10 时 30 分召开现场紧急会议，研究安排事故伤员救治、善后处理、安全大检查事宜。

（3）事故原因

1）事故直接原因

脚手架升降操作人员在未悬挂好电动葫芦吊钩和撤出架体上施工人员的情况下违规拆除定位承力构件，违规进行脚手架降架作业所致。

2）事故间接原因

①陕西新中建建筑劳务有限责任公司无资质违规承揽承包凯玄大厦建设工程并组织施工，对施工现场缺乏严密组织和有效管理。

②陕西建设监理有限公司对凯玄大厦外墙装饰和脚手架升降作业等危险性较大工程和工艺，未按规定进行旁站等强制性监理。

③该公司未依法履行施工总承包单位安全职责，将工程分包给无专业资质的公司，对施工现场统一监督、检查、验收、协调不到位。

④西安市城改、规划和城市综合执法等部门，依法履行监管职责不到位。

（4）事故性质

经调查认定，西安9·10重大建筑施工坍塌事故为生产安全责任事故。

（5）整改措施及建议

①进一步落实企业安全生产主体责任。凯玄大厦项目各参建单位要认真汲取此次事故教训，完善以安全生产责任制为重点的安全管理制度，加强对施工现场和高危险性作业的动态管理，把施工项目部的领导带班制度、监理项目部的旁站监理制度和一线班组长的岗位安全责任落到实处。强化施工总承包方对工程建设和安全生产的全面、全过程管理，严格程序，严格把关，严防类似事故的再次发生。

②强化施工现场安全管理。该公司要针对发展规模过快所带来的人才队伍建设滞后、管理力量薄弱等问题进行认真反思。该公司要加强建设项目施工现场安全监管，加大安全生产隐患排查力度。在与专业承包、劳务分包队伍签订合同协议时，应细化职责，明确安全生产责任。

③加强安全监理。该公司应加大对施工组织设计、专项施工方案和施工管理人员、特种作业人员资质审查，切实履行施工监理旁站作用，及时消除安全生产隐患。

④落实建设行政主管部门行业安全监管职责。西安市建委要按照国务院《建设工程安全生产管理条例》规定省、市有关建筑施工安全监管职能分工，加强对全市房屋建筑施工安全监管。西安曲江新区管理委员会要按照西安市人民政府有关规定，督促凯玄大厦建设单位依法完善项目建设相关手续，责令施工单位对该项目施工现场安全隐患实施整改，确保项目施工安全。

⑤切实加强城市安全管理和服务。西安市人民政府要针对近年来城市快速扩张、经济高位运行对安全生产和社会管理带来的压力特别是此次事故暴露出的安全监管薄弱环节，系统总结经验教训，进一步强化安全生产及其监管监察工作。

═══════════ **重点与难点** ═══════════

1. 土木工程施工阶段的主要安全问题；

2. 教学难点为施工单位的主要安全职责。

思考与练习

1. 为什么说土木工程施工阶段是事故发生最频繁的阶段？
2. "安全第一、预防为主"是安全生产的方针，请阐述"安全第一、预防为主"的含义。

第 6 章

使用阶段的土木安全工程

使用阶段的土木建筑会存在各种安全风险，土木工程结构能否安全、完整服役，是关系到人们生命和财产安全极其重要的一环，很多使用阶段中的安全事故给我们带来了惨痛的教训。使用阶段的安全事故并不总是因为土木建筑物的施工质量缺陷或设计错误等引起的，也可能因为使用过程中的不符合设计假定或使用要求等而发生，土木工程使用阶段的安全工程应引起我们足够的重视。

6.1　使用阶段土木安全工程的意义

世界标准化组织(ISO)将质量定义为反映产品或服务满足明确或隐含需要能力的特征总和。土木工程的产品包括建筑物、道路、桥梁、构筑物等，土木工程产品的特征是其产品的适用性、安全可靠性和耐久性的总和，以建筑产品为例，可体现在以下几个方面：

①建筑物在正常使用时具有良好的使用功能，指建筑物要满足使用者对使用条件、舒适感和美感方面的需要。

②建筑结构能承受正常施工和正常使用时可能出现的各种作用，指建筑物中的各种结构构件要有足够的承载力和可靠度。

③建筑材料和构件在正常维护条件下具有足够的耐久性，指建筑物的寿命和对环境因素长期作用的抵御能力。

④建筑物在偶然事件发生时及发生后，仍能保持必需的整体稳定性，不至于完全失效，甚至倒塌，指建筑物对使用者生命财产的安全保障。

我国《工程结构可靠性设计统一标准》(GB 50153—2008)中明确指出，结构不仅应承受施工期可能出现的各种作用，还应该满足在使用期间可能出现的各种作用下保持良好使用功能和足够耐久性的能力；当发生火灾时，在规定的时间内可保持足够的承载力，当发生爆炸、撞击、人为错误等偶然事件时，结构能保持必需的整体稳定性，不出现与起因不相称的破坏后果，防止出现结构的连续倒塌。

所以，从土木工程全寿命周期来看，在设计阶段应充分考虑结构在使用过程中的功能要求，包括使用阶段的承载力要求、耐久性要求、正常使用要求以及大变形条件下的次生灾害控制要求。同时，在工程结构服役过程中，通过适当的运营维护措施，保证工程结构按照设计要求服役。实践证明，良好的养护措施能够促进工程结构安全使用甚至超寿命服役。

万里长江第一桥——武汉长江大桥已经建成通车 50 多年了，有专家表示，以武汉长江大桥现在的状态,寿命可以达到150年,比当初设计还多50年。这座长江上年纪最长的大桥为何如此坚固?使用阶段的养护功不可没。长江大桥主体是钢结构,防锈防腐蚀是头等大事。这项工作由武汉铁路局武汉桥工段长江大桥车间负责,60名养护工、10名技工是万里长江第一桥的专职"保姆"。总长1157 m的长江大桥钢制桥体每3年就要重新油漆一遍。对桥面钢轨、枕木、扣件的检查每天进行。每月一次的特殊检查时,工人们还要坐着吊篮到江面上检查桥墩是否有裂缝。正是由于精心维护,才使武汉长江大桥持续维持正常的使用要求,甚至可能会超出设计寿命来正常运行。

　　由于历史原因,我国主管部门和广大群众对建筑结构的使用阶段的安全管理存在误解甚至漠视,随着设计理念的进步和人们观念的发展,工程结构使用阶段的安全管理越来越受到重视,各级政府和主管部门通过法律、法规的形式规定了工程结构在使用阶段安全管理的要求、措施、注意事项及法律责任等。

　　北京市为加强房屋建筑使用安全管理,保障居住和使用安全,于2011年1月制订《北京市房屋建筑使用安全管理办法》,自2011年5月1日起施行;成都、杭州等地相继制定了相应的房屋建筑使用安全管理办法。

　　武汉市为加强对该市长江隧道的管理,保护隧道及其附属设施的安全,保障隧道运行畅通,根据有关法律、法规,结合该市实际,制定《武汉市长江隧道管理暂行办法》,该办法于2012年8月1日起施行。

　　长沙市制定了《城市桥梁安全保护区管理制度》以加大安全管理的力度,考虑到城市隧道与城市桥梁在安全管理方面的相似性,制定了《长沙市城市桥梁隧道安全管理条例》,明确界定了城市隧道、桥梁安全保护区的范围,规定了城市隧道、桥梁安全保护区内的禁止行为,该条例于2014年5月1日生效。

　　《铁路安全管理条例》于2014年1月1日起施行,该《条例》分总则、铁路建设质量安全、铁路专用设备质量安全、铁路线路安全、铁路运营安全、监督检查、法律责任、附则8章108条,全面规定了铁路工程使用(运营)阶段的安全管理具体事项。

　　由此可见,工程结构使用阶段的安全越来越引起人们的关注,通过恰当的运营维护保养措施,不仅能够使土木建筑保持良好的运营状态,甚至能够延长服役时间,综合降低工程总体造价。

6.2　使用阶段安全控制

6.2.1　使用阶段安全风险

　　土木工程在使用期间存在各种各样的安全风险,主要的风险有火灾、超载、耐久性、爆炸、人为破坏、地基及基础变形、地震、碰撞等。这里主要介绍前三种。

　　(1)火灾

　　火对人类的进步和社会的发展都起着巨大的作用,然而,由于人类自身的不慎和其他自然原因,火也会给社会生产和生活带来无法弥补的巨大损失。火灾是各种自然灾害中最危险、最常见、最具毁灭性的灾种之一,它既是自然现象,又是社会现象。火灾出现的频率之高,以及它对可燃物的敏感性和燃烧蔓延的快速性都是十分惊人的。根据世界火灾统计中心及欧洲共同体的研究，如果火灾直接损失占国民生产总值的0.2%左右，则整个火灾的损失将占国民生产总值的1%，可见，火灾使人类付出了巨大的代价。

事实证明，发生于封闭、半封闭建筑空间内的火灾，对人类生命和财产造成的损失最大。土木工程中，工业与民用建筑和隧道中发生火灾的风险最大，工业与民用建筑中公共建筑发生火灾的后果最为严重。

公共建筑是指那些专为公众聚集在一起活动而设计的建筑空间。这类建筑具有以下特点：一是建筑内空间大，二是建筑内各类场所用途不同且功能复杂，三是同一时间内聚集的公众人数多。常见的公共建筑火灾有以下几类。

1）商业建筑

如综合性商场、自选商场、专卖商店、农贸市场、小商品市场、餐饮店等。商业建筑是人员聚集、商品物资集中的场所，加上建筑本身的特点，一旦发生火灾，就会迅速蔓延，极易造成大量人员伤亡和巨大的财产损失。近几年来，大型商场大量兴建，商场面积达几万甚至十几万平方米，高度不断增加，许多建筑采用了中庭式布局，集商业、娱乐、餐饮和其他服务为一体，建筑设施现代化，内部装修高档次，这些都给建筑的消防安全带来许多新的问题，商场特大火灾不断增多也说明了这个问题的严重性。

2）旅馆建筑

大型宾馆、饭店不仅有客房，还设有餐饮、娱乐、商务、商场、汽车库，有的还与写字楼、公寓并存在一栋建筑内，又称其为中心或大厦，旅馆建筑的特点是居住人员对建筑布局、疏散路线、安全出口方向等不熟悉，一旦发生火灾，特别是夜间发生火灾，极易造成大量人员伤亡。近十多年，国内高层宾馆、饭店的大量兴建，高层旅馆火灾也不断增多。其显著特点如下：

①火势蔓延速度快，高层建筑内各种竖井、管道井、楼梯间、电梯间等，在发生火灾时烟囱效应明显，促使火势迅速蔓延。

②可燃装修材料和可燃物多。

③使用功能复杂，增大了人员疏散的困难。高层建筑人员向下疏散，垂直距离较远，而烟气向上扩散，形成可怕的逆差，造成大量人员伤亡。

④火灾扑救和救助困难。高层建筑发生火灾时，消防人员登高、救助人员、扑救火灾的难度较一般建筑增大很多。

3）其他公共建筑

其他公共建筑还有体育场馆建筑、综合性建筑、影剧院建筑等。这些建筑是人员集中的公共场所，空间跨度大，屋顶结构为钢结构或木结构，耐火等级比较低，建筑中灯光设备多且用电量大，有时还会经常使用明火效果，这些因素并存，稍有不慎就会引起火灾，如果管理不善就会导致整个建筑被烧毁，并造成大量人员的伤亡。

2012年11月，上海静安区某正在进行外立面墙壁施工的28层住宅由于4名电焊工无证违规操作，引燃周围易燃物，脚手架突发大火。起火公寓底层为商场，2~4层为办公，5~28层为住宅，于1998年1月建成，共有500户居民，住户多为教师，老人居多。在救援过程中，消防车云梯达不到着火大楼顶部，云梯加上高压水枪只能到达大楼2/3的高度，火势太大直升机不能靠近，阻挠了救援工作的顺利进行。最终导致58人遇难，70余人受伤，房产损失接近5亿元人民币。

隧道作为地下工程具有不可预见性的特点，在建设和运营过程中存在着巨大的风险。隧道运营事故中最严重的当属隧道火灾，特别是危险品火灾。近年来，国内外发生了多起严重的公路和铁路隧道火灾事故。

1999 年 3 月，连接法国和意大利之间的勃朗峰隧道发生火灾，死亡 39 人，烧伤数十人，烧毁车辆 43 辆，火灾燃烧 53 小时；同年 5 月 29 日奥地利陶恩隧道发生火灾，死亡 12 人，烧伤 49 人，损毁车辆 34 辆；2001 年瑞士圣哥达隧道发生火灾，死亡 13 人，烧毁车辆 128 辆，直接损失 1300 万瑞士法郎。2008 年 9 月，英吉利海峡海底隧道发生火灾，火灾造成 14 人轻微中毒或受伤，隧道内的交通全部中断，火灾持续到次日早间，大量旅客滞留在法国和英国的车站。火灾发生两天后，该隧道才开始陆续恢复的正常客运服务。英吉利海峡海底隧道还曾分别在 1996 年和 2006 年发生过两起火灾，其中 1996 年的火灾造成交通中断 1 个月之久。这些事故除了造成人员伤亡、巨大的经济损失外，还导致了人们对于公路交通的不安全感和不信任感。

隧道火灾可以分为公路隧道火灾、铁路隧道火灾和城市轨道交通隧道火灾。公路隧道火灾有以下特点：

①燃烧火势猛烈、蔓延快，不易控制，可能发生爆炸。高速公路隧道火灾的主要原因是交通事故、车辆故障、隧道内部电器线路短路等所致，高速公路路面好，车辆行驶的速度快，遇到紧急情况驾驶员难以及时处置，由很大的惯性带来的冲击力引起摩擦产生火花导致火灾事故的发生，在次生燃油、可燃物的作用下，起火后借着风洞效应，火势燃烧迅速，蔓延快。此外，由于车身都携带一定的燃油，有的汽车运输的是各种可燃、易燃甚至易爆的物品，相撞后在撞击或火灾中容易引起爆炸，可能对隧道结构产生严重影响。

②交通堵塞严重，难救险。隧道长、路面窄，车辆流动大，发生火灾时，公路管理部门难以及时采取有效措施实行交通管制，堵塞车辆难以及时疏散，极易造成堵塞，可燃物多，火势顺车蔓延，易形成连体火灾燃烧的惨痛局面。

③烟雾积量大、不易扑救。隧道发生火灾后所产生的高温、有毒气体、烟雾迅速贯通整个隧道，由于积聚量大，加之隧道通风排烟设备少，疏排困难，能见度低，消防队无法采取正确的战术、战法及时扑救，从而延长了灭火时间，延误了灭火的最佳战机。同时，受隧道空间的影响，救援人员与消防装备不能发挥有机结合的战斗实体，救援难度增大。

④营救难度高、不易疏散。由于出入口少，内部通道狭长，近似处于密闭空间，隧道内一旦发生火灾，浓烟高温，有毒烟雾积聚等因素的影响，消防队员到场后，在无法直接观察到起火部位、着火区范围、以及受困人员位置的情况下，要疏散人员、车辆和物资几乎等于虎口拔牙。

⑤结构复杂，不易处置。高速公路隧道由于建筑构造上的特点，发生火灾后不仅燃烧猛烈，爆炸危险性大，温度高、蔓延快，烟毒浓、能见度低，抢险和灭火任务极其艰巨，进攻道路缺乏、回旋余地小、接近火点难，进攻方向会受外界风向所制约，火灾的位置和燃烧范围等难以把握。而且隧道内的安全设施都是电气化操作，由于耐火程度不高，一旦发生大火，内部设施极易瘫痪，尤其是隧道内的照明完全熄灭，处置难度就更大。

⑥处置时间长、不易指挥。高速公路隧道火灾事故危害大、持续时间长，而且组织后备人员、装备器材、物资供应的有效保障的难度也很大，不易指挥。

（2）超载

在这里，超载是指广义的超过土木工程设计（或使用）荷载的使用或运营。交通运输工具的实际装载量超过桥梁、公路、铁路、隧道核定的最大容许限度；房屋建筑改变其使用功能，超过设计荷载使用等均可列为超载。我国的交通超载具有以下特点：

1）超载现象屡禁不止

有关部门不断强调严加管理，但超载现象屡治不愈，时至今日超载状况未见根本性好转，有些地方还愈演愈烈，成为公路运输的一种癌症。据有关部门调查，载重2.5 t的各类货运车辆，超载超限比例高达30%～85%。这些超载车最大装载率都在300%以上，最高达760%，即1辆额定载重2 t的货车，实际运载量达到15 t。据有关部门在一些重点超载地区调查发现，运输车辆几乎100%超载，超载程度一般都在一倍以上，有的达到五六倍。

2）超载运输造成的破坏与损失极其严重

研究发现，当汽车轴载超过标准载一倍时，行驶公路一次，相当于标准车辆行驶沥青路面256次，行驶水泥混凝土路面65536次，而且核定载重量越大的车辆，超载对公路的破坏越严重，目前我国监测到的车辆最大单后轴载重达24 t。这种车辆行驶水泥公路一次，相当于标准车辆行驶121万次。1条设计使用15年的公路，如果行驶车辆超载1倍，其使用年限将缩短90%，即只能使用1年半。许多投入巨额资金建成的公路，由于超载车辆碾压，路面早早就出现龟裂、坑槽、沉陷、翻浆、车辙、桥梁铺装破碎、板体断裂等病害，每年都要投入巨额资金进行维修。有关专家计算，超载者每获利1000元，国家就相应损失6000元，还不算超载造成国家大量应收税费的流失。

3）超载大量导致交通事故发生

由于超载，驾驶员对车辆控制能力降低，容易导致交通事故发生。同时超载对公路造成破坏，使车辆行驶速度受到影响，一些超载车辆常常只能以一二十公里的时速爬行，大大影响了公路运输能力的发挥，降低了车辆运输效率。

（3）耐久性

土木工程材料主要有混凝土、钢材、木材、石材等，主要的结构形式包括钢筋混凝土结构和钢结构。土木工程结构在使用过程中，结构组成材料直接或间接的与周围环境相接触，不可避免的影响其使用寿命。

耐久性是指材料在长期使用过程中，抵抗因服役环境外部因素和材料内部原因造成的侵蚀和破坏保持其原有性能不变的能力。构筑物的服役寿命是指构筑物受到其服役环境因素的侵蚀和破坏，导致其使用性能下降到最低设计值时，所经历的时间（年）。

混凝土材料耐久性主要包括抗渗性、抗冻性、抗侵蚀性等。影响混凝土材料的耐久性的主要原因有：

1）外部环境的影响

①混凝土的冻融。混凝土中存在很多细小的孔隙，外部的水分可以通过毛细作用进入这些孔隙。当温度降至冰点以下时，孔隙中的水冻结膨胀，持续冻融会使混凝土开裂，甚至崩裂。混凝土的组成、配合比、养护条件和密实度决定了其在饱水状态下抵抗冻融破坏的能力。

②裂缝。混凝土构件尺寸越大，发生温度应力裂缝的可能性也越大。减少混凝土的水泥用量和降低混凝土的初始温度及使用低热水泥、减少混凝土温差等措施，很大程度可避免或

减少混凝土的开裂，大大提高了混凝土的耐久性能。

③环境中的氯离子。氯离子渗入到钢筋表面，会破坏钢筋表面的氧化铁薄膜而引起锈蚀，锈蚀反应具有膨胀性，可导致混凝土开裂剥落。氯离子渗入引起钢筋锈蚀的破坏速度快，发生非常普遍，往往成为混凝土结构寿命的决定因素。

2）内部环境影响

①碱-骨料反应。水泥中的碱和骨料中的活性氧化硅发生化学反应，生成碱-硅酸凝胶并吸水产生膨胀压力，致使混凝土开裂的现象称为碱-骨料反应。碱-骨料反应通常进行得很慢，因此由其引起的破坏往往要经过若干年后才会出现。

②抗冻性。混凝土遭受冻融作用时，其中的可冻水变成冰，体积膨胀率可达9%，冰在毛细管中受到约束而产生巨大的膨胀应力，使内部结构疏松。

③体积稳定性。随着环境温湿度的变化，组成混凝土的水泥石和骨料会产生胀缩变形。混凝土中的水泥石和骨料的不均匀变形，在骨料和水泥石的界面上产生分布极不均匀的拉应力，从而形成许多分布很乱的界面裂缝，削弱混凝土的密实性。

④钢筋锈蚀。引发钢筋锈蚀的原因主要有两方面：一是混凝土保护层碳化。在水泥水化过程中生成大量的 $Ca(OH)_2$，使混凝土材料处于较强的碱性环境，钢筋在碱性介质中，表面能生成一层稳定致密的氧化物钝化膜，使钢筋难以锈蚀。但是，碳化会降低混凝土的碱度，当 pH 小于 10 时，钢筋表面的钝化膜就开始破坏而失去保护作用，并促进锈蚀过程；二是 Cl^- 破坏钢筋表面钝化膜。当混凝土中存在 Cl^-，且 Cl^- 和 OH^- 的摩尔比大于 0.6 时，即使 pH 大于 12，钢筋表面钝化膜也可以被破坏而遭受锈蚀。

⑤施工因素。混凝土材料品质低下和混凝土配合比选择不当导致混凝土性能不良，施工操作粗糙形成的潜在的混凝土缺陷，都极易使混凝土很快受到破坏，这就需要有良好的施工组织管理来杜绝施工环节的不稳定因素。

⑥混凝土养护因素。混凝土是一种疏松多孔的混合物，新拌混凝土中存在着大量均匀分布的毛细孔，其中充满水且多是相通的。如果环境湿度大或继续放在水中，则可通过毛细管向内补给水化用水，混凝土性能就能不断提高。在干旱多风天气，毛细孔水迅速蒸发，水泥不仅因缺水而停止水化作用，还会因毛细管引力作用在混凝土中引起收缩。此时混凝土强度还很低，收缩引起的拉应力很快使混凝土开裂，破坏混凝土结构，造成质量事故。因此混凝土浇捣完毕后必须及时养护。在混凝土的实际生产中，由于缺乏对混凝土养护机理的了解，对养护工序常常重视不够，出现养护不及时、养护湿度不够、养护时间短等情况。尤其对于要求具有较高耐久性的混凝土，如不能加以正确、及时的养护，将严重影响整个建筑物的质量，带来不可估量的损失。

6.2.2 使用阶段安全控制

土木工程使用阶段的安全控制需要结合主管部门专门的管理和使用人员的日常管理，主要有以下几个方面的控制原则。

（1）不能任意改变工程的主体和承重结构

从力学知识可知，当承重构件受到破坏或者削弱时，结构的承载能力受到影响，当这种影响大到足够使构件或者结构失去承载能力时，结构将出现局部甚至整体的破坏。

当前随着房地产业的发展，大众审美观和生活品味的多样化，统一设计的规格化的商品房已经不能满足人们的要求，老百姓对房屋功能要求也逐步趋于多样化，所以出现了对房屋结构各种各样的改造。房屋装修时各种砸墙、添层、开窗、移门等手段层出不穷，部分群众由于缺乏土木工程基本知识，拆除主体结构或承重结构，由此导致的事故也屡见不鲜。

2013年5月，福州市某酒店附属三层楼房发生坍塌（图6-1）。该建筑为3层砖混结构，顶层为隔热层，1、2层正在装修改造后做餐饮，初步调查，在装修过程中装修工人掏空房屋立柱，致使房屋一层层倒塌，最后重叠起来。

图6-1　福州市某酒店附属三层楼房倒塌现场情况

(2)不能超过设计使用荷载使用

土木工程结构设计是基于一定荷载要求下的设计，在各种设计规范中均已规定了相应结构的荷载等级大小。当结构承受的荷载超过了设计使用荷载，结构就会出现超载现象，当超载较大时，结构就会出现破坏。

在现实生活中，未经核算就在原有建筑物上加层或对构筑物进行改造，造成原有结构承载力不够或者地基承载力不足；使用过程中任意改变用途加大荷载，将办公楼改为商场，一般民房改为娱乐场所；不经验算，在桥梁下悬吊各种燃气、通讯、电力管道；在限定荷载的桥梁上，行驶超重货车；在普通未处理的铁轨上行驶重载火车等，都属于超过设计使用荷载使用，这些情况通常带来严重的后果。

2007年6月15日，广东佛山市某船务有限公司经营的货轮从佛山高明开往顺德途中偏离主航道，触碰325国道九江大桥非通航孔的桥墩，造成九江大桥部分桥面坍塌，该货轮沉没。初步调查有4辆汽车坠入河中，造成9人失踪（图6-2）。

中国交通部、国家安全生产监督管理总局于6月20日联合发布了广东"6·15"九江大桥船撞桥梁事故的通报。经初步调查，事故主要原因是船舶航行中突遇浓雾，船长疏忽瞭望，采取措施不当所致，是一起船撞桥梁的单方责任事故。

图6-2　九江大桥坍塌现场情况

九江大桥的坍塌与桥体质量无关，船的撞击力大于桥的防撞能力导致事故发生。在我国，主航道需要通过国家检测：3000 t 的江海轮及 1200 t 的横向撞击。但不同河流的桥梁有不同标准，分一到六个等级。作为一级航道的九江大桥离江面 22 m，设计时要求径宽 80 m。2 孔间 160 m 通航孔岸通过江海轮即主墩按横桥向船舶撞击力 1200 t 进行防撞设计，并且考虑到小型船只和漂浮物撞击的可能，南、北非通航孔桥墩按横桥向撞击力 40 吨进行设防，其防撞等级通过国家标准。但在大于设计荷载的撞击下，桥面出现坍塌，造成了不可挽回的损失。

（3）正常的维修、养护

对土建结构的正常维修、养护是使结构维持正常设计寿命甚至超龄服役的必要手段。通常的民用建筑设计寿命为 50 年，但经常看到的是，20～30 年的建筑、隧道、桥梁等因为种种原因，出现很多主筋锈蚀、钢结构构件截面因锈蚀削弱等现象，这主要是由于这些结构没有受到正常的维修和养护，特别是钢结构构件。

钱塘江大桥已经有 70 多年的历史。在设计之初，著名桥梁学家茅以升曾将大桥的寿命定为 50 年。然而自 1937 年 9 月 26 日建成通车，钱塘江大桥已超龄服役 20 多年，如今依然仁立在钱江潮头，巍然不倒。它已经连续保持了 21870 天桥身安全，近 60 年来桥体零事故的纪录。主要原因有两个方面：其一，设计者茅以升先生技术精湛、构思巧妙，如钱塘江大桥从钢梁、构件到支座都可以更换；其二，施工严格，特别值得一提的是，钱塘江大桥维护精当。据报道，由 30 多名养护工常年负责养护钱塘江大桥，20 世纪 90 年代起大桥公路就禁止货车通过，并严格执行限载与限速要求，维修检查管理工作也十分苛刻，由此续写了钱塘江大桥的传奇。钱塘江大桥如图 6-3 所示。

图 6-3　钱塘江大桥现状

《长沙市城市桥梁安全管理条例》规定，城市桥梁管理机构应当加强对城市桥梁及其附属设施养护维修的监督检查，督促城市桥梁养护人员按照有关技术规范、操作规程进行养护维修。政府、社会力量投资建设的公益性城市桥梁，其养护人为市人民政府确定的管理人；已经出让经营权的公益性城市桥梁，在经营期限内，其养护人为经营者；其他城市桥梁的养护人为产权人。

城市桥梁养护人应当做好以下工作：

①按照城市桥梁养护维修计划安排养护经费。

②按照桥梁养护技术规范、操作规程对城市桥梁进行日常安全巡查和养护维修，保持安全警示标志的完好、清晰。

③按照有关规定对城市桥梁进行安全检测评估。

④建立养护维修、检测评估资料信息系统。

⑤按照有关规定制定城市桥梁的安全事故应急预案。

城市桥梁管理机构应当编制城市桥梁养护维修中长期规划和年度计划，建立、健全城市桥梁安全检测评估制度，监督城市桥梁养护人按照国家有关规定对城市桥梁进行安全检测评估。

在城市桥梁遭遇地震、洪水等自然灾害或者车船撞击等事故后，养护人应当进行专项安全检测评估。

《武汉市长江隧道管理暂行办法》规定，长江隧道运营单位作为长江隧道养护维修的责任人，应当制定并向市城市管理行政部门报送养护维修制度，配备与养护维修规模相适应的专业技术人员和机械设备，建立养护档案，按照技术规范和操作规程进行日常养护，定期维修、检测，保障设施设备正常运转和安全使用。

长江隧道养护作业由长江隧道运营单位承担，对有特殊养护维修要求而运营单位不具备养护维修条件的，应当委托具备相应资质的单位承担养护维修作业。

长江隧道养护维修作业应当遵守下列规定：

①采取相应的安全保护措施，设置必要的交通安全设施和安全警示标志。

②养护维修作业人员穿着统一的安全标志服。

③在养护维修作业车辆、机械设备上设置明显的作业标志。

④养护物料应当堆放在作业区内，养护维修作业完毕后及时清除遗留物。

⑤除紧急抢修外，在车辆非通行时间内进行养护维修作业。

养护维修作业车辆进行紧急抢修作业时，应当配备交通协管人员指挥交通。在确保交通畅通安全运行的前提下，其行驶路线和方向不受交通标志、标线限制。长江隧道内通行车辆应当按照提示信息或者标志通行，并注意避让养护维修车辆和人员。

（4）不能占用、堵塞、封闭逃生通道

建筑物投入使用后，当火灾或其他自然灾害发生时，逃生通道就显得至关重要。隧道、地铁等地下建筑在双线通道之间或者单线的单独空间都采用了紧急联络通道或者火灾避乱场所，并且，对于地下建筑而言，其使用功能较为单一，并且其管理部门也是单一的，所以其逃生通道基本上能保证畅通，但对于地上建筑而言，情况就显得更为复杂。在我国，火灾事故发生时，经常会出现安全通道被锁闭或者堵塞，消防车无法进入火灾第一现场的问题。这里有历史的原因，很多老旧房屋、小区没有严格的按照消防要求来设置逃生通道，当然更多的是人为因素。逃生通道大部分为公共通道，平时基本上处于闲置状态，很容易被人占用，没有被占用的，也被主管部门锁闭起来，以便于管理，但当遇见火灾等突发事故时，逃生通道的必要性就显现出来。

2013年6月，吉林某禽业有限公司主厂房发生特别重大火灾爆炸事故，共造成121人死亡、76 人受伤，17234 m^2 主厂房及主厂房内生产设备被损毁，直接经济损失 1. 82 亿元。主厂房内逃生通道复杂，且南部主通道西侧安全出口和二车间西侧直通室外的安全出口被锁闭，火灾发生时人员无法及时逃生。

《中华人民共和国消防法》规定，占用、堵塞、封闭疏散通道、安全出口或者有其他妨碍安全疏散行为的，责令改正，处五千元以上五万元以下罚款；经责令改正拒不改正的，强制执行，所需费用由违法行为人承担。

（5）必要的安全防护措施

安全防护措施是保证建筑、桥梁、隧道、道路等正常使用的必要手段。对封闭的结构，防火是首先要注意的，相应的防火措施必须要有保证。在结构设计时，应该考虑一定的防火等级；其次，还应该有必要的防火措施，如民用建筑中的灭火器、消防栓等，隧道中的防火、防烟门等。对于特殊的结构，还需考虑一些意外的特殊事件，比如防爆、防撞等。

《长沙市城市桥梁安全管理条例》规定，在城市桥梁安全保护区范围内禁止下列行为：

①从事采砂、取土、挖掘、爆破等危及城市桥梁安全的作业或者活动。

②堆放、储存易燃易爆或者其他危险物品。

③捕鱼、泊船。

④其他危及城市桥梁安全的行为。城市桥梁安全保护区是指桥梁下的空间和桥梁主体垂直投影面两侧一定范围内的区域：跨江河桥梁两侧各 200 m 范围内的水域、50 m 范围内的陆域；立交桥、高架桥和人行天桥两侧各 5 m 范围内的陆域。

《铁路安全管理条例》规定，铁路线路两侧应当设立铁路线路安全保护区。铁路线路安全保护区的范围，从铁路线路路堤坡脚、路堑坡顶或者铁路桥梁（含铁路、道路两用桥，下同）外侧起向外的距离分别为：

①城市市区高速铁路为 10 m，其他铁路为 8 m。

②城市郊区居民居住区高速铁路为 12 m，其他铁路为 10 m。

③村镇居民居住区高速铁路为 15 m，其他铁路为 12 m。

④其他地区高速铁路为 20 m，其他铁路为 15 m。

当规定距离不能满足铁路运输安全保护需要的，由铁路建设单位或者铁路运输企业提出方案，铁路监督管理机构或者县级以上地方人民政府依照《铁路安全管理条例》相关规定程序划定。

6.3 使用阶段土木安全工程处置

土木工程都有其使用年限，或称为寿命。一般民用建筑以 50 年为标准，桥梁、隧道以 100 年为标准。在土木工程投入使用时，由于频繁承受荷载，甚至超载，再加上自然界的种种侵袭，以及交通事故等人为事端的影响，都会使土木工程结构出现损伤或者局部破坏。随着时间的增长，结构所受的损伤种类和损伤部位就会越来越多，其程度也会越来越严重。如果因设计和施工原因，结构在建设期间就存在问题，那么它在使用阶段将会产生更多的问题，甚至难以维持正常使用状态。为了保证土木工程的安全使用和尽可能的延长其安全使用年限，应对工程进行质量检测和鉴定，并对工程的安全使用提出相应的处理措施。

6.3.1　土木工程检测与鉴定

工程结构检测是结构可靠性鉴定与耐久性评估的手段和基础,结构鉴定是结构加固设计的依据,因此,工程结构检测是结构鉴定与加固的前提。

随着经济建设的迅速发展和人民生活水平的不断提高,我国进行了大规模的基本建设,已建造了大量的民用和工业建筑、桥梁、隧道、公路等。由于建筑物建造年代、使用年限、遭受不同自然灾害等因素的影响,许多建筑物的安全性有待评定;特别是一些已完工或正在建设中的建筑由于各种待鉴定因素的影响,建筑物已产生了不同程度的损伤,为此必须进行建筑物安全性鉴定。

1. 常见检测方法

(1)既有工程的正常巡视检查

1)建筑结构

对于建筑结构,应每年检查一次,正常检查应侧重于使用安全。如楼梯扶手的松动,建筑结构裂缝、较大的变形、渗漏等,需要及时维护。对于问题比较突出者,应委托有资质的检测鉴定单位进行仔细检测鉴定。

建筑结构常规检查及重点:

①出现渗水漏水部位的构件。

②受到较大反复荷载或动力荷载作用的构件。

③暴露在室外的构件。

④受到腐蚀性介质侵蚀的构件。

⑤受到污染影响的构件。

⑥与侵蚀性土壤直接接触的构件。

⑦受到冻融影响的构件。

⑧容易受到磨损、冲撞损伤的构件。

⑨年检怀疑有安全隐患的构件。

2)桥梁结构

对于桥梁结构,应包括下列内容:

①桥面铺装层是否有坑槽、开裂、车辙、松散、不平、桥头跳车等现象,有无严重的裂缝(龟裂、纵横裂缝),纵横坡是否顺适,防水层是否漏水。

②伸缩缝是否破损、结构脱落、淤塞、填料凹凸,是否有跳车、漏水等现象。

③人行道有无开裂、断裂、缺损;栏杆是否松动、撞坏、锈蚀、变形。

④桥面横坡、纵坡是否顺适,有无积水;泄水管有无损坏、堵塞,防水层是否工作正常,有无渗水现象等。

⑤梁式桥、圬工拱桥、双曲拱桥上部结构。

⑥支座。位移是否正常,橡胶支座是否老化、变形,钢板滑动支座是否锈蚀,各种固定支座是否松动、剪断、开裂等。

⑦桥墩。桥墩墩身是否开裂、局部外鼓、表面风化,剥落、空洞、漏筋;是否有变形、倾斜、沉降、冲刷、冲撞等损坏情况。

⑧桥台。是否开裂、破损,台背填土是否有裂纹、挤压、受冲刷等情况。

⑨翼墙。是否开裂，有无前倾、变形。

⑩桥上交通信号、标志、标线、照明设施是否腐蚀、老化。

3)隧道结构

隧道常规检查如表6-1。

表6-1　隧道常规检查

项目名称	检查内容	判定	
		B	A
洞口	边(仰)坡有无危石、积水、积雪洞口有无挂冰；边沟有无淤塞；构造物有无开裂、倾斜、沉陷等	存在落石、积水、积雪隐患；洞口局部挂冰；构造物局部开裂、倾斜、沉陷，有妨碍交通的可能	坡顶落石、积水漫流或积雪崩塌；洞口挂冰掉落路面；构造物因开裂、倾斜或沉陷而致剥落或失稳；边沟淤塞，已妨碍交通
洞门	结构开裂、倾斜、沉陷、错台、起层、剥落；渗漏水(挂冰)	侧墙出现起层、剥落；存在渗漏水或结冰，尚未妨碍交通	拱部及其附近部位出现剥落；存在喷水或挂冰等，已妨碍交通
衬砌	结构裂隙、错台、起层、剥落	衬砌起层，且侧壁出现剥落状况，尚未妨碍交通，将来可能构成危险	衬砌起层，且拱部出现剥落状况，已妨碍交通，并有继续恶化的可能
	(施工缝)渗漏水	存在渗漏水，尚未妨碍交通	大面积渗漏水，已妨碍交通
	挂冰、冰柱	存在结冰现象，尚未妨碍交通	拱部挂冰，形成冰柱，已妨碍交通
路面	落物、油污；滞水或结冰；路面拱起、坑洞、开裂、错台等	存在落物、滞水、结冰、裂缝等，尚未妨碍交通	拱部落物，存在大面积路面滞水、结冰或裂缝等，已妨碍交通
检修道	结构破损；盖板缺损；栏杆变形、损坏	栏杆变形、损坏；道板缺损；结构破损，尚未妨碍交通	栏杆局部毁坏或侵入建筑界限；道路结构破损，已妨碍交通
排水设施	破损、堵塞、积水、结冰	存在破损、积水或结冰，尚未妨碍交通	沟管堵塞，积水漫流，结冰，设施破损严重，已妨碍交通
吊顶	变形、破损、漏水(挂冰)	存在破损、漏水，尚未妨碍交通	破损严重，或从吊顶板漏水严重，已妨碍交通
内装	脏污、变形、破损	存在破损，尚未妨碍交通	破损严重，已妨碍交通

(2)结构检测

常规检查主要采用目测或经验的方法针对容易直接观测到的病害，对于工程结构的某些内部病害或者相关物理力学参数，需要结合一定的仪器设备进行结构检测。

1)混凝土结构检测

A. 回弹法评定混凝土抗压强度

回弹法是回弹仪内拉簧驱动的重锤，以一定的弹性势能，通过传力杆，弹击混凝土表面，使局部混凝土发生变形并吸收一部分弹性势能。剩余的弹性势能则以动能的形式使重锤回弹并带动指针滑块，得到重锤回弹高度的回弹值。回弹值的大小与混凝土表面的弹、塑性质有关，回弹值大说明表面硬度大、抗压强度愈高，反之愈低。

回弹仪评定混凝土抗压强度可按以下步骤进行：

①对回弹仪进行标定。

②测区及测点布置：根据需要布置测区，每测区面积约 20×20 cm^2，共弹击 16 点，16 个回弹值中，分别剔除三个最大值和最小值，取余下 10 个回弹值的平均值为测区代表值。

③代表值的修正：入射角度修正、混凝土浇筑面修正。

④碳化深度测量及计算。碳化使混凝土表面强度提高，碳化深度的测量按以下步骤进行：钻洞、除粉末、滴入用 1% 酚酞酒精溶液、测量碳化深度。

⑤根据测强曲线计算混凝土强度换算值。

⑥计算结构或构件混凝土强度推定值。

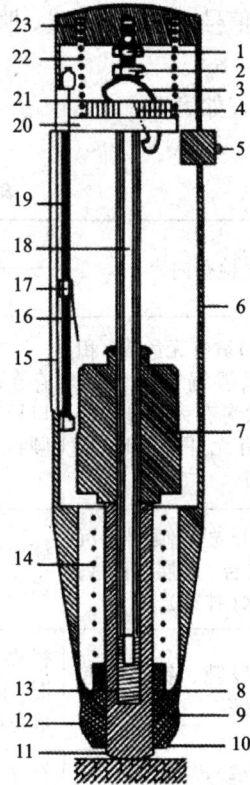

图 6 - 4　回弹仪构造

1—紧固螺母；2—调零螺钉；3—挂钩；4—挂钩销子；5—按钮；6—机壳；7—弹击锤；8—拉簧座；9—卡环；10—密封毡圈；11—弹击杆；12—盖帽；13—缓冲压簧；14—弹击拉簧；15—刻度尺；16—指针片；17—指针块；18—中心导杆；19—指针轴；20—导向法兰；21—挂钩压簧；22—压簧；23—尾盖

值得注意的是：回弹法是根据混凝土表面硬度确定其强度值，只能反映混凝土表面质量；当检测条件与测强曲线的适用条件有较大差异时，可采用同条件试件或钻取混凝土芯样进行修正。

B. 超声 - 回弹综合法评定混凝土抗压强度

采用低频超声波检测仪和回弹仪，在结构或构件混凝土同一测区分别测量声时及回弹值，利用已建立的测强公式，推算测区混凝土强度值。

超声 - 回弹综合法不适用于下列情况：

①遭受冻害、化学侵蚀、火灾、高温损伤，被测部位有局部缺陷（孔洞、裂缝、分层剥落），表层和内部质量不一致。

②测构件厚度小于 100 mm；结构表面温度低于 -4℃ 或高于 60℃。

③构件钢筋的密集部位，特别是不能用于钢筋沿超声波传播方向布置的部位。

C. 钻芯法检测混凝土抗压强度

钻芯法是一种局部破损检测结构构件混凝土强度的有效方法。首先在混凝土结构构件上钻取芯样，然后对芯样进行加工，达到试验要求，再放在压力机上试压，根据试压结果，直接得出混凝土芯样的强度，因而具有很高的测试精度。

钻芯法的局限性，主要是费用高、试验不方便、局部破损等。因此在使用钻芯法时，应当考虑与非破损检测法一起综合应用，在非破损检测结果的基础上，用钻芯法校核非破损法检测强度。

以上混凝土结构强度检测常见的三种方法中，从原理上看，回弹法测的是混凝土的表面硬度，超声法测的是混凝土密实度，二者均系间接推断混凝土强度、影响因素较多，对旧结构混凝土强度推定误差较大，但系非破损检测，适合进行全面检测。钻芯法系直接测定法，能真实反映结构混凝土的实际强度，但对结构有局部损坏，测点数量不能太多，一般可用作非破损法检测的校准。

D. 超声法检测混凝土缺陷

利用超声波在混凝土内部传播过程中的声学参量(声速、波幅、波形、频率等)与混凝土缺陷的密切相关关系来判断混凝土内部的缺陷，通常采用低频绕射法。

E. 混凝土结构钢筋配置情况的检测

混凝土结构钢筋配置情况检测可分为破损检测方法和非破损检测方法。非破损检测方法主要采用电磁感应法、雷达法、超声法。电磁感应法钢筋探测仪采用电磁感应原理，由振荡器产生的频率和振幅稳定的交流信号输入传感器后激发传感器并在其周围产生交变磁场，当含铁磁的物质靠近传感器时，由于电磁感应而使传感器的输出电压信号发生变化，这一变化信号进入信号处理单元并经放大和模数转换，由单片微机完成数据采集及处理，并可按使用者由键盘输入的具体测定项目要求，在显示器上显示出所测结果。雷达法和超声法主要是依据波在不同介质中传递的速度不同来进行检测。

2)钢结构检测

A. 焊缝检测

①外观检查：检查尺寸和外观质量。焊缝质量在外观上要求具有细鳞形表面，无折皱间断和未焊满的陷槽，并与基本金属平缓连接。外形尺寸用焊缝检验尺进行测量。

②磁粉检测。磁粉检测是利用漏磁和合适的检测介质发现材料(工件)表面和近表面的不连续性的。磁粉检测作为表面检测具有操作灵活、成本低的特点，但磁粉检测只能应用于铁磁性材料、工件(碳钢、普通合金钢等)的表面或近表面缺陷的检测，对于非磁性材料、工件(如：不锈钢、铜等)的缺陷就无法检测。

③渗透检验。渗透检验就是利用液体的毛细管作用，将渗透液渗入固体材料、工件表面开口缺陷处，再通过显像剂渗入的渗透液在毛细作用下重新吸附到表面以显示缺陷存在的检测方法。渗透检验操作简单、成本很低，检验过程耗时较长，只能检测到材料、工件的穿透性、表面开口缺陷，对仅存于内部的缺陷就无法检测。

④超声波检查。超声波检测就是利用超声波在金属、非金属材料及其工件中传播时，材料(工件)的声学特性和内部组织的变化对超声波的传播产生一定的影响，通过对超声波受影响程度和状况的探测了解材料(工件)性能和结构变化的技术。超声波检测目前使用较广泛，具有不破坏焊缝、灵活和经济的优点，对厚度较大的焊缝和构件最有效。

⑤射线检测。射线检测就是利用射线(X 射线、γ 射线、中子射线等)穿过材料或工件时的强度衰减，检测其内部结构不连续性的技术。穿过材料或工件时的射线由于强度不同，在

感光胶片上的感光程度也不同，由此生成内部不连续的图像。射线检测主要应用于金属、非金属及其工件的内部缺陷的检测，检测结果准确度高、可靠性好。其不足之处在于难于判定缺陷在材料、工件内部的埋藏深度，对于垂直于材料、工件表面的线性缺陷(如：垂直裂纹、穿透性气孔等)易漏判或误判；同时射线检测需严密保护措施，以防射线对人体造成伤害；检测设备复杂，成本高。

B. 钢结构连接的检测

①螺栓。对螺栓检查一般用目测结合扳手进行。正常工作的螺栓、螺帽不应有丝毫松动，螺栓头及螺帽应完全压紧垫板。对于一些承受较大振动荷载特别重要的螺栓，应定期卸开用放大镜检查螺栓上是否有裂纹，必要时采用超声波、磁力探伤等物理方法检查。

②铆接。铆钉连接的检查工具有 0.3 kg 的手锤、放大镜、塞尺、样板等。正常的铆钉在用手锤敲打时，不得有丝毫跳动。检查时可用一手贴近钉头，另一手用锤自钉头侧面敲击，再从另一侧敲击，如铆钉松动，则手会感到钉头跳动。

在厂房结构检查过程中，一组铆钉在锤击下感到跳动数量大于 10% 时，应将所有跳动的铆钉换掉。对松动、掉头、剪断或漏铆的铆钉均需及时更换补铆，修复时可采用高强度螺栓来代替铆钉，其直径按等强度换算决定。

3) 结构(构件)挠度、沉降、垂直度、应变检测

A. 现场静载试验法

现场静载试验法在建筑、桥梁、路基等检测中应用较广泛。加载方式通常有堆载、水压、千斤顶、汽车荷载等。量测仪表主要百分表、电测式位移计、应变格栅等。测点布置通常选择在最大挠度和支座处或最大正弯矩截面、负弯矩截面、最大剪力截面处。

桥梁荷载试验检定是对桥梁结构物工作状态进行直接测试的一种鉴定手段，通过荷载试验力求达到以下目的：

①通过现场加载试验以及对试验观测数据和试验现象的综合分析，检验桥梁与施工质量，确定工程的可靠性，为竣(交)工验收、质量评定提供技术依据。

②直接了解新建桥梁结构的实际工作状态，结合理论计算分析，评价其在设计使用荷载下的工作性能。

③验证设计理论、计算方法和设计中的各种假定的正确性与合理性，为今后同类桥梁设计、施工提供经验，积累科学资料。

④通过动载试验测定桥梁结构的固有振动特性，评估实际结构在设计荷载作用下的动力性能。

⑤为桥梁的使用、维修和管理提供依据。

桥梁静载检定试验大致可以分为三个阶段：桥梁结构的考察、试验方案设计和试验准备阶段，加载试验与观测阶段，试验结果的分析与评定阶段。

首先根据试验的目的和要求，具体考察试验的桥梁结构，研究相关桥梁结构的图纸、文件、资料，进行必要的理论分析和核算，以及试验过程中的设计计算，补充必要的材料力学性能试验，并在此基础上有针对性地拟定出周密合理的试验方案。其次是进行加载试验和观测。在充分准备的基础上，按照预定的试验方案，对结构施加试验荷载，通过各种测试仪表、传感器进行检测，加载方案每级加载后均使用电阻式应变计进行应变测量，使用百分表进行位移测量，使用刻度放大镜观测可能出现的裂缝。取得实验数据。最后进行测试结果的分析

和评定总结。通过加载测试得到的大量观测数据和资料,加以科学地整理和计算,按科学方法进行分析,并做出结论。

B. 水准仪、全站仪量测

梁和桁架的整体变形表现为垂直变形(即挠度)和侧向变形两个方面。检查时,可先目测是否有异常变形现象,对目测有异常变形的梁、架再进一步检测,当条件具备时,测得梁或桁架中点相对于支座处的位移,就可以换算出梁或桁架的挠度。如果不能架设水准仪,可以采用弦线来检测。用弦线或细铁线在桁架弦杆或梁的翼缘两端拉紧,在有关点量出弦线与弦杆(或梁)中线的垂直矢距(桁架平面内或梁的受弯平面内)或水平矢距(桁架平面外或梁的受弯平面外)。

柱子的整体变形表现为柱身的倾斜或挠曲。检查时应分别对横向(受力主平面内)和纵向(垂直于受力主平面)两个方向进行测定,亦先通过目测检查,再对有异常现象的部位,用经纬仪或全站仪量出柱身有关各点偏离垂线的距离,据以绘制柱身轴线变位图。

建筑工程沉降检测应测定地基的沉降量、沉降差及沉降速度,软土地区应计算基础倾斜、局部倾斜和相邻柱基沉降差。建筑主体垂直度检测应测定建筑顶部检测点相对于底部固定点或上层相对于下层检测点的垂直度、倾斜方向及倾斜速率。刚性建筑的整体垂直度,可通过检测顶面或基础的差异沉降来间接确定。当建筑物已经布置了沉降观测点、倾斜观测点时,可以按照相关要求对建筑物的沉降和倾斜进行观测。如果没有事先布置测点,通常情况下我们关心建筑物的相对沉降,选择在施工时相对位置固定的点进行量测,比如窗台、墙角阳角、阴角线。

4)裂缝检测

①判明是结构性裂缝还是非结构性裂缝

结构性裂缝多由于结构应力达到限值,造成承载力不足引起的,是结构破坏开始的特征,或是结构强度不足的征兆,是比较危险的,必须进一步对裂缝进行分析。非结构性裂缝往往是自身应力形成的,如温度裂缝、收缩裂缝,对结构承载力的影响不大,可根据结构耐久性、抗渗、抗震、使用等方面要求采取修补措施。

②判明结构性裂缝的受力性质

结构性裂缝,根据受力性质和破坏形式进一步区分为两种:一种是脆性破坏,另一种是塑性破坏。脆性破坏的特点是事先没有明显的预兆而突然发生,一旦出现裂缝,对结构强度影响很大,是结构破坏的征兆,脆性破坏裂缝是危险的,应予以足够重视,必须采取加固措施和其他安全措施。塑性破坏特点是事先有明显的变形和裂缝预兆,可以及时采取措施予以补救,危险性相对稍小。此种裂缝是否影响结构的安全,应根据裂缝的位置、长度、深度以及发展情况而定。如果裂缝已趋于稳定,且最大裂缝未超过规定的容许值,则属于允许出现的裂缝,可不必加固。

③查明裂缝的宽度、长度、深度

钢筋混凝土结构构件的裂缝按其表征可分三种:表面细小裂缝,即缝宽很小,长度短而浅;二是中等裂缝,其宽度在 0.2 mm 左右,长度局限在受拉区,裂缝已深入结构一定深度;三是贯穿性裂缝,缝宽超过 0.3 mm,长度伸到受压区,裂缝已贯穿整个截面或部分截面。

④判明裂缝是发展的还是稳定的

钢筋混凝土结构构件裂缝按其扩展性质,通常分三种:一是稳定裂缝,即裂缝的宽度、长度保持恒定不变；第二种是活动性裂缝，该裂缝的宽度和长度随着受荷状态和周围温度、湿度变化而变化；第三种是发展裂缝，裂缝的宽度和长度随着时间增长而增长。

钢筋混凝土结构在各种荷载作用下，一般在受拉区允许在裂缝出现下工作，也就是说裂缝是不可避免的，只要裂缝是稳定的，其宽度不大，符合规范要求，并无多大危险，属安全构件。但裂缝随时间不断扩展，说明钢筋应力可能接近或达到流限，对承载力有严重的影响，危险性较大，应及时采取措施。裂缝稳定的结构，裂缝会不会再扩展，还要看所处环境是否稳定，环境变化，旧的裂缝可能还会扩展，也还会出现新的裂缝，应结合具体条件加以分析。

2. 工程结构安全鉴定

（1）新建工程安全鉴定

新建工程的质量缺陷对结构安全的影响有些是局部性的，有些是全局性的，如由混凝土收缩产生的楼板裂缝，当楼板配筋和混凝土强度满足设计要求，则不会对楼板的承载力和安全构成影响，也不会对结构整体安全构成影响，但应进行处理；对结构中某一或几个楼层构件混凝土强度不满足设计要求，则应依据检测结果对构件进行承载力验算和整体结构抗震、抗风的验算，以确定混凝土强度不足对结构及构件安全的影响，并提出是否需要加固及其加固构件范围的意见。

对新建工程的质量缺陷和因标养试件、同条件试块达不到设计要求的情况，应进行结构质量缺陷和所涉及构件质量的检测。只有检测结果不满足设计要求时才进行结构构件安全鉴定。新建工程施工质量检测结果的评价应依据相应的工程施工质量验收规范，新建工程结构安全性鉴定应依据该工程结构设计所应用的规范，即所谓现行设计规范。

（2）既有建筑可靠性鉴定

既有建筑为经过验收合格投入使用两年以上建筑。既有建筑的可靠性鉴定通常是指在恒载、活荷载、风荷载以及温度应力作用下的结构安全性、正常使用性和耐久性的评价。对于地震区、特殊地基土地区或特殊环境中既有建筑的可靠性鉴定，在满足通常的既有建筑可靠性鉴定的基础上，还应对是否满足结构整体抗震安全和特殊环境下的安全可靠做出评价。既有建筑可靠性鉴定应按照《民用建筑可靠性鉴定标准》（GB 50292—1999）与《工业建筑可靠性鉴定标准》（GB 50144—2008）相关规定进行。

（3）建筑抗震鉴定

需要进行抗震鉴定的现有建筑主要为两类：一类是未经抗震设防的建筑工程，由于我国第一本正式颁布的抗震设计规范于1974年，在此之前建造的建筑工程可能没有进行抗震设计；另一类由于该城市的抗震设防烈度提高了，则该城市的现有建筑应区分轻重缓急进行抗震鉴定。同时，一些新的建筑由于没有按设计图纸施工或出现施工质量问题而达不到现行抗震设计规范的要求，则应按抗震设计规范的要求进行鉴定和加固，而不能用建筑抗震鉴定标准去评价。因为建筑抗震鉴定标准对结构抗震性能和要求低于建筑抗震设计规范的要求，所以不可按建筑抗震鉴定标准的要求去衡量新建工程。建筑抗震鉴定应按照《建筑抗震鉴定标准》（GB 50023—2009）相关要求进行。

（4）桥梁技术状态评定

桥梁评定分为一般评定和适应性评定，一般评定是依据桥梁定期检查资料，通过对桥梁各部分技术状况的总和评定，确定桥梁的技术状态等级，提出各类桥梁的养护措施；桥梁的适应性评定是依据桥梁定期及特殊检查资料，结合试验与结构受力分析，评定桥梁的实际承

载能力、通行能力、抗洪能力,提出桥梁养护、改造方案。一般评定由负责定期检查者进行,
适应性评定应当委托有相应资质及能力的单位进行。具体评定方法和标准可以参照《公路桥
涵养护规范》(JTG H11—2004)进行。

6.3.2　土木工程抢险应对

1. 抢险事件分级

按照可控性、严重程度和影响范围,建筑工程抢险事件原则上划为特大(Ⅰ级)、重大
(Ⅱ级)、较大(Ⅲ级)、一般(Ⅳ级)四个等级。按照抢险事件的分级,对建设过程中突然发生
的,造成或者可能造成人员伤亡、财产损失,需要立即实施抢险救援和排除险情的紧急突发
事件。

2. 抢险应急预案

(1)成立应急领导小组

成立工程抢险应急领导小组,领导小组组成人员包括主要主管领导和技术人员。领导小
组是处置工程抢险应急的专业应急指挥机构。主要职责是:建立和完善工程抢险应急预警机
制,协调工程抢险应急工作,启动相关预案,组织指挥相关方面力量参与应急救援,研究解
决抢险工作中人、财、物等重大问题。

(2)成立基本应急工作组

为迅速开展工程应急抢险工作,领导小组下设综合协调、工程抢险、资源保障、专家评
估、后勤保障5个基本应急工作组。根据现场指挥工作需要,启动若干相关应急工作组。

①综合协调组。负责上传下达有关信息,联络联系有关部门和单位,协调各工作组和各
方面的工作。

②工程抢险组。负责组织指挥现场应急抢险救援。主要工作包括质量事故的应急响应和
救援,安全事故的应急响应和救援以及抢险工程量的现场登记和核实工作。

③资源保障组。负责建立建筑工程抢险设备队伍信息数据库,明确装备的类型、数量、
性能和存放位置,制定工程抢险专业队伍管理规定,将抢险机械设备、器材、人员及时调到
现场。

④专家评估组。负责组建由科研、勘察、设计、施工、质检、安监、检测、鉴定等技术专
家组成的抢险专家库,组织专家制定应急救援技术方案,开展工程结构安全性鉴定。

⑤后勤保障组。负责抢险人员的后勤保障,包括车辆调度、雨衣、雨鞋、手电筒、安全
帽、临时柴油发电、必需的食物及水等。

(3)成立工程抢险专业队伍

①工程抢险专业队伍在从事工程建设经验丰富的建筑施工企业中选择。

②工程抢险专业队伍应当具备处置工程坍塌、基坑坍塌、脚手架垮塌、设备倒塌等类型
工程抢险工作的能力,各工程抢险专业队伍具体抢险类型分工由领导小组结合具体情况
确定。

③在工程抢险专业队伍中,选择常设2个专业抢险和2个机动抢险队伍,常设抢险队伍
可根据情况进行调整。

(4)监测和预警

1)监测和预警

①领导小组办公室以及各施工、监理、建设单位，应在突发应急事件预测预警体系下，建立建筑工程抢险监测、报告网络体系，对重大危险源实施监控，预测重特大安全事故趋势，及时做出预警。

②对出现危险前兆，可能造成人员伤亡或者重大财产损失的建筑工程抢险事件，领导小组办公室以及各施工、监理、建设单位，应及时划定危险区域，予以公告，必要时撤离人员、设备，并及时将风险信息向上级及有关部门报告。

2）事件报告

①报告原则。有关单位应遵循"迅速、准确"的原则，在第一时间上报涉及工程抢险的事件。

②报告时限和程序。对于发生Ⅰ级、Ⅱ级抢险事件的，领导小组办公室接报后应立即向区、县一级应急办、领导小组和市领导小组做出初次报告；发生Ⅲ、Ⅳ级抢险事件的，应当在接报后10分钟内向区、县一级应急办和领导小组做出初次报告。

③报告内容。险情或事件发生的时间、地点、事件类别、人员伤亡情况，简要经过、伤亡人数、直接经济损失，事件原因的初步分析，已采取的措施情况，事件报告单位、签发人及报告时间。

（5）应急响应

1）分级响应

①Ⅳ级、Ⅲ级应急响应行动，由领导小组组织实施。

②Ⅱ级、Ⅰ级应急响应行动，由市领导小组组织实施，区领导小组协助处置。在市领导小组人员到达前由区领导小组先行组织救援处置工作。

2）响应程序

①事件发生后，事发地街道建设办（城建办）应立即赶赴现场，立即组织撤离险情现场的人员，组织抢险队伍实施前期救援，并及时将有关情况向街道办和领导小组办公室报告。

②领导小组办公室接报后，应立即报告领导小组，启动应急预案，组织抢险部门和队伍迅速赶赴现场展开救援。超出区级应急救援处置能力的，应同时向市领导小组报告。

③先期到达的抢险部门和队伍应当迅速、有效地实施前期处置，全力控制事故灾难发展态势，同时协助有关部门保护现场，维护现场秩序。

④事发单位应当向先期的抢险部门和队伍提供事件或险情的类型、性质、严重程度等与抢险有关的情况和资料。

⑤成立现场抢险指挥部，组织协调领导小组各成员单位采取措施开展现场抢险救援工作，领导小组办公室及下设的5个基本工作组在现场抢险指挥部的统一指挥下开展工作。

⑥根据抢险事件的不同类型，立即调用专业抢险队伍进行抢险，专业抢险队伍在接到救援命令后，立即无条件实施应急救援。

⑦领导小组和现场抢险指挥部应将应急救援工作进展情况，及时向上级及相关部门报告，协调解决救援工作中可能出现的问题。

⑧事件等级由Ⅳ级、Ⅲ级上升至Ⅱ级、Ⅰ级后，或者领导小组需要市一级建筑工程抢险应急力量支援时，领导小组办公室应立即向市领导小组报告，提出应急救援请求。

3）应急终止

现场工程抢险工作完毕后，按照"谁启动、谁终止"的原则，Ⅳ级、Ⅲ级建筑工程应急抢险由领导小组宣布应急终止，Ⅱ级、Ⅰ级建筑工程应急抢险由市领导小组宣布应急终止。

（6）后期处置

应急状态终止后，局相关部门应做好专业抢险队伍人员、装备的现场撤离工作。相关部门根据职责开展事故调查工作，分析事件原因，提出对事故责任单位及责任人的处理意见等。参与建筑工程抢险的各工作组应及时作出书面报告。书面报告的基本内容包括，事故发生及工程抢险经过，应急预案实施效果及评估情况，应吸取的经验教训等。

6.3.3　土木工程加固

1. 混凝土加固设计

（1）混凝土结构的破坏特征

混凝土结构破坏主要是由于承载力不足。主要有以下原因：①施工原因；②设计原因；③使用原因；④其他原因（地基不均匀沉降、采用不成熟的构件、构件形式带来的影响、构件耐久性不足）。

按照截面破坏又可以分为：正截面破坏（少筋破坏、适筋破坏、超筋破坏）、斜截面破坏（斜拉破坏、剪压破坏、斜压破坏）、柱受压破坏（轴压柱、小偏压柱、大偏压柱）。

（2）混凝土加固设计基本原则

1）荷载取值要求

对加固混凝土结构上的作用应进行实地调查，其取值应按现行国家标准《建筑结构荷载规范》规定取值。国家规范未作规定的永久荷载，应实测抽样（不少于 5 个）确定，按其效应对结构有利或不利分别考虑。

2）加固结构的承载力验算原则

①结构的计算简图应根据结构上的作用或实际受力状况确定。

②结构的计算截面积，应采用实际有效截面积，并考虑结构在加固时实际受力程度及加固部分的应变滞后特点，以及加固部分与原结构协同工作程度。

③验算时，应考虑实际荷载偏心、结构变形、温度作用等造成的附加力。

④加固后使结构重量加大时，尚应对被加固的相关结构及建筑物基础进行验算。

3）混凝土结构加固的注意事项

①对于高温、腐蚀、冻融、振动、地基不均匀沉降等原因造成的结构损坏，应在加固设计中提出相应的处理对策后再进行加固。

②结构的加固应综合考虑其经济效果。尽量不损伤原结构，并保留其具有利用价值的结构构件，避免不必要的拆除或更换。

③加固施工过程中，若发现原结构或相关工程隐蔽部位构造有严重缺陷时，应立即停止施工，会同加固设计者提出有效措施进行处理后方能继续施工。

④对于可能出现倾斜、开裂或倒塌等不安全因素的房屋，在加固施工前，应采取临时措施以防止不安全事故发生。

（3）混凝土加固设计方法

混凝土结构加固设计方法有以下四种：

①加大截面加固法。即采取增大混凝土结构或构筑物的截面面积，以提高其承重力和满足正常使用的一种加固方法。可广泛用于混凝土结构的梁、板、柱等构件和一般构筑物的加

固。通常加大截面的同时，还需增补受力钢筋。

加大截面法可按叠合构件来进行计算设计。按现行国家标准《混凝土结构设计规范》的基本规定，考虑新旧协同工作进行。

施工时首先对原有构件混凝土表面处理：把构件表面的抹灰层铲除，对混凝土表面存在的缺陷清理至密实部位，并将表面凿毛，采用三面或四面外包法加固梁或柱时，应将其棱角打掉。然后清除混凝土表面的浮块、碎渣、粉末，并用压力水冲洗干净，如构件表面凹处有积水，应用麻布吸去。为了加强新、旧混凝土的整体结合，在浇筑混凝土前，在原有混凝土结合面上先涂刷一层高黏结性能的界面结合剂。界面结合剂的种类很多，常用的有高标号水泥浆或水泥砂浆，掺有建筑胶水的水泥浆、环氧树脂胶、乳胶水泥浆及各种混凝土界面剂等。必要时还可设置抗剪销钉。加固钢筋和原有构件受力钢筋之间采用连接短钢筋焊接时，应凿除混凝土的保护层并至少裸露出钢筋截面的一半，对原有和新加受力钢筋都必须进行除锈处理，在受力钢筋上施焊前应采取卸荷载或临时支撑措施。对于原有受力钢筋在施焊中由于电焊过烧可能对其截面面积的削弱，计算时宜考虑折减系数为 0.8～0.9。由于原混凝土收缩已完成，后浇混凝土凝固收缩时易造成界面开裂或板面后浇层龟裂。因此，在浇注加固混凝土 12 小时内就开始饱水养护，养护期为两周，要用两层麻袋覆盖，定时浇水。

②预应力加固法。用预应力筋对建筑物的梁或板进行加固的方法，在具体工程中通常采用体外预应力法来进行加固。

体外预应力就是设置在混凝土体外的预应力筋给混凝土施加的预应力。体外预应力混凝土也称无黏结预应力混凝土，是一种预应力筋直接设置在体外，或者预应力筋设置在混凝土体内，但无需进行孔道灌浆的无黏结预应力混凝土。它与预应力混凝土的区别在于预应力筋与混凝土的无黏结性。体外预应力技术由于具有施工方便、经济可靠，预应力筋（束）可以单独防腐甚至可以更换等特点，近年来，已被广泛应用于旧桥的加固工程中。众多的工程实践证明，利用体外预应力加固旧桥，能显著提高结构承载力和抗裂度，有效改善结构的应力状态。

③粘贴钢加固法。钢板粘贴补强法采用环氧树脂系列黏结剂，将钢板粘贴在钢筋混凝土结构物的受拉区域薄弱部位，使之与结构物形成整体，用以代替需增设的补强钢筋，通过钢板与补强结构的共同作用，提高其刚度，限制裂缝开展，改善钢筋及混凝土的应力状态，提高梁、柱、板等的承载能力，以达到补强效果一种加固方法。也可以采用外包钢加固的方法，使混凝土与外粘钢板形成类似于钢管混凝土的工作机制，来达到加固的目的。

粘贴钢板加固的常用形式有，板梁桥或 T 梁桥梁底粘贴纵向钢板加固、箱梁或 T 梁（或工字梁）梁腹粘贴斜向钢板加固、悬臂梁牛腿或挂梁端部粘贴钢板加固、拱桥拱圈粘贴钢板加固等。为保证钢板与被加固的构件形成整体，钢板必须有足够的锚固长度，黏结剂具有足够的的黏结强度和耐久性。为避免钢板脱胶拉开，端部可用加紧螺栓固定，但必须注意不要对构件截面造成不必要的损伤。

④碳纤维加固法。根据结构构件受力分析计算结果和受力特征，应用配套树脂将碳纤维粘贴于强度不满足受力要求的混凝土构件外部相应部位，利用其配套树脂的剪切强度将混凝土构件承载的荷载传递给碳纤维，使后粘贴碳纤维和原钢筋混凝土构件共同承受荷载作用力，以达到构件满足承载力要求的一种补强加固方法。碳纤维加固法在现在土木工程结构加固中得到了广泛应用，但由于理论和试验上的不足，碳纤维的高强度还没有得到很好利用。

2. 钢结构结构加固设计

（1）钢结构加固基本原则

1）荷载取值原则

①当原结构是按《工业与民用建筑结构荷载规范》旧规范取值时，在鉴定阶段对结构的验算仍按该规范取值，但经确定需要加固时，则加固验算应按现行《建筑结构荷载规范》取值。

②当原结构加固后建筑功能改变时，应根据实际情况并按现行的《建筑结构荷载规范》取值。

③对不符合《建筑结构荷载规范》规定或未作规定的永久荷载，可根据实际情况进行抽样实测确定，抽样数应根据实际情况确定，但不得少于五年，且应以其平均值乘以 1.2 的系数作为该永久荷载的标准值。所谓未作规定的荷载，是指积灰、安装荷载、异型设备、管道、支架重量及吊车使用荷载等。

2）加固结构计算原则

①结构计算简图，应根据结构上的实际荷载、构件的支承情况、边界条件、受力状况和传力途径等确定，并适当考虑结构实际工作中的有利因素，如结构的空间作用、新结构与原结构的共同工作等。

②结构的计算截面，应考虑结构的损伤、缺陷、裂纹和锈蚀等不利影响，按结构的实际有效截面进行计算，并考虑结构在加固时的实际受力状况，即原结构的应力超前和加固部分的应变滞后（即新材料的应变值小于原构件的应变值）特点，以及加固部分与原结构共同工作的程度，对其总的承载能力予以适当折减。

③在对结构的承载能力进行验算时，应充分考虑结构构件实际工作中的荷载偏心、结构变形和局部损伤、施工偏差以及温度作用以及温度作用等不利因素使结构产生的附加内力。

④如加固后使结构重量增加或改变原结构传力途径时，除应验算上部结构的承载能力以外，尚应对建筑物的基础进行验算。

⑤钢结构加固时，应考虑结构材料因温度、安装等作用可能产生过大的残余应力和塑性变形而导致结构承载力丧失或耐久性降低，因此，焊接钢结构加固时，原有构件或连接的实际名义应力值应小于 $0.55f_{yk}$，且不得考虑加固构件的塑性变形；非焊接钢结构加固时，其实际名义应力值应小于 $0.7f_{yk}$。所谓结构的名义应力，指的是按规范规定或由材料力学一般方法算得的结构应力。如果现有结构的名义应力值大于上述规定，则应将结构完全卸载后才能对其进行加固。

⑥钢结构加固设计应与实际施工方法紧密结合，并采取有效措施，保证新增截面、构件和部件与原结构的可靠连接，以形成整体共同工作，同时应避免对未加固的部分或构件造成不利影响。

（2）加固方法

1）改变结构计算图形的加固

改变结构计算图形的加固方法是指采用改变荷载分布状况、传力途径、节点性质和边界条件，增设附加杆件和支撑、施加预应力、考虑空间协同工作等措施对结构进行加固的方法。通过上述加固方法来改变结构的计算图形，调整原结构内力，使结构按设计要求进行内力重分配，从而达到加固的目的，这通常是较为有效和经济的加固方法。

2）增加结构或构件的刚度

钢结构因强度不足导致破坏的几率非常小，其截面一般受刚度或稳定条件控制，同时，结构的水平荷载亦按刚度分配至各柱由各柱承担，因此，加设支撑以增加厂房空间刚度或纵向刚度；增设辅助杆件以减少构件的长细比；重点加强排架结构中某一柱列的刚度以减轻其他柱列的负荷；以及在塔架结构中设置拉杆或拉索以加强结构的刚度和调整结构的自震频率以提高抗震能力等均可加固钢结构。

3）受弯构件的加固

受弯构件的加固可通过改变构件的弯矩图形来实现，因此，改变荷载的分布及支座的形式及位置，可有效的改变受弯构件的内力，从而达到让承载能力有较多富余的部分承受较大内力以保证结构的可靠性的目的。由于调整内力可能影响结构的承载能力、刚度和使用功能，因此，采用这种方法加固钢结构时，应在加固设计中规定调整内力（应力）值或位移（应变）值的允许幅度和偏差，以及其检测位置和检测方法。

改变结构计算图形的加固过程（包括施工过程）可能对相关结构（包括基础）、构件、节点和支座的使用状态和承载能力产生影响。因此，加固设计时，除应对被直接加固结构的承载能力和正常使用极限状态进行计算外，尚应注意加固对相关结构构件承载能力和使用功能的影响，考虑结构、构件、节点以及支座中的内力重分布，对结构（包括基础）进行必要的补充验算，并采取切实可行的合理构造措施，保证其安全。

改变计算图形所达到的目的，在很大程度上需要通过合适的施工程序和巧妙的施工方法来实现，而且施工方法正确与否也影响结构的受力状态。为了准确地实现加固设计的意图及保证安全可靠，在采用改造结构计算图形的加固方法时，设计与施工应紧密配合，未经设计允许，不得擅自修改设计规定的施工方法和程序。

4）加大截面加固法

加大构件截面加固钢构件可能是在负荷、部分卸荷或全部卸荷状态下进行，加固前后结构的几何特性和受力状况会有很大的不同，因而在确定加固构件受力分析计算简图时，应反映结构的实际条件，根据结构加固期间及前后分阶段考虑结构的截面几何特性，损伤及加固引起的不利变形，作用在结构上的荷载及其不利组合确定计算图形。对于超静定结构尚应考虑因截面加大，构件刚度改变使体系内力重分布的可能，必要时分阶段进行受力分析和计算，以确保安全可靠。

6.3.4　土木工程拆除

在建筑物建造过程中，建筑物从开始时的多个单体结构逐步变成平面组合结构和空间立体结构，从开始的不稳定结构逐步变成稳定结构，最终成型的建筑物能够承受来自屋面、楼面等各个角度的各种垂直和水平的压力。在建造过程中，为防止意外出现，施工方往往需要采取临时支撑或临时加固等技术措施。

拆除旧建筑物与上述情况刚好相反，建筑物从开始的平面组合结构或空间立体结构逐步变成平面的、单体的结构，从开始的稳定结构逐步变成不稳定结构。因此，在拆除旧建筑物过程中，必须采取相应的安全技术措施。

1. 了解旧建筑物的结构

不同结构的建筑物有不同的受力特性，它们在建造时有不同的施工顺序和施工方法。例如，框架结构房屋与砖混结构房屋有明显的区别，前者由框架梁、柱构成承重结构体系，砖墙仅仅起到填充和护围作用；后者则以砖墙为主要承重结构。而拱形结构房屋则既有垂直荷载，又有水平推力，具有独特的受力特性。

在拆除旧建筑物之前，施工人员应找到要拆除建筑物的竣工图纸，了解要拆除旧建筑物的结构、建筑及水电、设备管线的分布情况。强调要找到竣工图纸，是因为施工过程中可能有变更，原始图纸可能有不准确的地方。

在熟悉图纸的基础上，还应对拆除现场进行实地察看和调查，充分掌握房屋场地、道路等情况的第一手资料，为编制施工组织方案做准备。

2. 编制施工组织方案

建筑拆除工程必须由具备爆破或拆除专业承包资质的单位施工，严禁将工程非法转包。在拆除旧建筑物之前，应周密编制施工组织方案，认真做好技术交底工作。施工组织方案的主要内容应包括以下几项内容。

①被拆除建筑物的情况。要列出被拆除建筑物的结构类型、建筑情况及水电、煤气等设备管线的布置情况，必要时应附有简图——平面图及剖面图等。

②编制施工准备计划。主要包括技术、现场、机械设备和器具、劳动力等几个要素。

③明确拆除方法和拆除顺序。从拆除方法来讲，应明确是用人工、机械还是爆破方法拆除。从拆除顺序来讲，应明确结构构件拆除的先后顺序。以排架结构厂房为例，建造时，吊装有单件起吊法和综合起吊法两种，在拆除时，顺序刚好相反。

④施工人员组织和施工进度计划。明确各工种施工人员的组织和分工情况。如进行拆除操作时施工作业面较大，可将现场分成几个作业区；如果施工作业面较小，可按照二班制或三班制的方法施工，以加快拆除进度。

⑤施工平面布置。施工平面图是施工现场安排各项工作的依据，也是进行施工准备的依据。

3. 安全施工管理

在施工过程中，要落实安全技术措施。要严格实施安全施工管理。

当采用人工拆除时，应做到如下几点：

①进行人工拆除作业时，楼板上严禁人员聚集或堆放材料，作业人员应站在稳定的结构或脚手架上操作，被拆除的构件应有安全的放置场所。

②人工拆除施工应从上至下、逐层拆除分段进行，不得垂直交叉作业，作业面的孔洞应封闭。

③人工拆除建筑墙体时，严禁采用掏掘或推倒的方法。

④拆除建筑的栏杆、楼梯、楼板等构件，应与建筑结构整体拆除进度相配合，不得先行拆除。建筑的承重梁、柱，应在其所承载的全部构件拆除后，再进行拆除。

⑤拆除梁或悬挑构件时，应采取有效的下落控制措施，方可切断两端的支撑。

⑥拆除柱子时，应沿柱子底部剔凿出钢筋，使用手动倒链定向牵引，再采用气焊切割柱子三面钢筋，保留牵引方向正面的钢筋。

⑦拆除管道及容器时，必须在查清残留物的性质，并采取相应措施确保安全后，方可进行拆除施工。

当采用机械拆除时，要注意如下事项：

①当采用机械拆除建筑时，应从上至下，逐层分段进行；应先拆除非承重结构，再拆除承重结构。拆除框架结构建筑，必须按楼板、次梁、主梁、柱子的顺序进行施工。对只进行部分拆除的建筑，必须先将保留部分加固，再进行分离拆除。

②施工中必须由专人负责监测被拆除建筑的结构状态，做好记录。当发现有不稳定状态的趋势时，必须停止作业，采取有效措施，消除隐患。

③拆除施工时，应按照施工组织设计选定的机械设备及吊装方案进行施工，严禁超载作业或任意扩大使用范围。供机械设备使用的场地必须保证足够的承载力。作业中机械不得同时回转、行走。

④进行高处拆除作业时，对于较大尺寸的构件或沉重的材料，必须采用起重机具及时吊下。拆卸下来的各种材料应及时清理，分类堆放在指定场所，严禁向下抛掷。

⑤采用双机抬吊作业时，每台起重机载荷不得超过允许载荷的80%，且应对第一吊进行试吊作业，施工中必须保持两台起重机同步作业。

⑥拆除吊装作业的起重机司机，必须严格执行操作规程。信号指挥人员必须按照现行国家标准《起重吊运指挥信号》（GB 5082）的规定作业。

⑦拆除钢屋架时，必须采用绳索将其拴牢，待起重机吊稳后，方可进行气焊切割作业。吊运过程中，应采用辅助措施使被吊物处于稳定状态。

⑧拆除桥梁时应先拆除桥面的附属设施及挂件、护栏等。

当采用爆破拆除时，要注意以下几点：

①爆破拆除工程应根据周围环境作业条件、拆除对象、建筑类别、爆破规模，按照现行国家标准《爆破安全规程》（GB 6722）将工程分为A、B、C三级，并采取相应的安全技术措施。爆破拆除工程应做出安全评估并经当地有关部门审核批准后方可实施。

②从事爆破拆除工程的施工单位，必须持有工程所在地法定部门核发的《爆炸物品使用许可证》，承担相应等级的爆破拆除工程。爆破拆除设计人员应具有承担爆炸拆除作业范围和相应级别的爆破工程技术人员作业证。从事爆破拆除施工的作业人员应持证上岗。

③爆破器材必须向工程所在地法定部门申请《爆炸物品购买许可证》，到指定的供应点购买，爆破器材严禁赠送、转让、转卖、转借。

④运输爆破器材时，必须向工程所在地法定部门申请领取《爆炸物品运输许可证》，派专职押运员押送，按照规定路线运输。

⑤爆破器材临时保管地点，必须经当地法定部门批准。严禁同室保管与爆破器材无关的物品。

⑥爆破拆除的预拆除施工应确保建筑安全和稳定。预拆除施工可采用机械和人工方法拆除非承重的墙体或不影响结构稳定的构件。

⑦对烟囱，水塔类构筑物采用定向爆破拆除工程时，爆破拆除设计应控制建筑倒塌时的触地振动。必要时应在倒塌范围铺设缓冲材料或开挖防振沟。

⑧为保护临近建筑和设施的安全，爆破振动强度应符合现行国家标准《爆破安全规程》（GB 6722）的有关规定。建筑基础爆破拆除时，应限制一次同时使用的药量。

⑨爆破拆除施工时，应对爆破部位进行覆盖和遮挡，覆盖材料和遮挡设施应牢固可靠。

⑩爆破拆除应采用电力起爆网路和非电导爆管起爆网路。电力起爆网路的电阻和起爆电源功率，应满足设计要求；非电导爆管起爆应采用复式交叉封闭网路。爆破拆除不得采用导

爆索网路或导火索起爆方法。

⑪装药前，应对爆破器材进行性能检测。试验爆破和起爆网路模拟试验应在安全场所进行。

⑫爆破拆除工程的实施应在工程所在地有关部门领导下成立爆破指挥部，应按照施工组织设计确定的安全距离设置警戒。

4. 文明施工管理

在拆除施工过程中，还要注意文明施工管理，要做到如下几点：

①清运渣土的车辆应封闭或覆盖，出入现场时应有专人指挥。清运渣土的作业时间应遵守工程所在地的有关规定。

②对地下的各类管线，施工单位应在地面上设置明显标志。对水、电、气的检查井、污水井应采取相应的保护措施。

③拆除工程施工时，应有防止扬尘和降低噪声的措施。

④拆除工程完工后，应及时将渣土清运出场。

6.4　使用阶段安全事故案例

2012 年 8 月 24 日，哈尔滨阳明滩大桥引桥——三环路群力高架桥洪湖路上桥分离式匝道发生断裂，坍塌大梁长为 130 m 左右，属于整体垮塌。事故导致 3 人死亡、5 人受伤，4 辆大货车坠桥，侧翻的部分大货车驾驶室被完全砸扁，方向盘等物飞出落地(图 6 – 5)。

图 6 – 5　哈尔滨阳明滩大桥引桥事故现场

事故发生时，停在塌桥中段有 3 辆大挂车，每辆保守估计 120 ~ 150 t 之间，另外，还有一辆距离较远的，约为 30 t。从事故现场看，3 辆车停靠得比较近，合计将近 500 t 重量作用在引桥单侧。根据相关设计资料，该段桥梁的载重能力为单向 50 t，即单个车道一次通过一辆载重 50 t 的货车。3 车停靠，出现将近 500 t 重量，相当于超出桥梁承载能力七八倍。

据专家组分析意见、检测检验机构检验结论和调查组调查取证认定，三环群力高架桥鸿福路上行匝道倾覆、车辆翻落地面、人员伤亡事故的直接原因是货车超载，勘定司机驾驶擅自改变外形和技术数据的严重超载车辆，在 121.96 m 的长梁体范围内同时集中靠右行驶，造成钢混叠合梁一侧偏载受力严重超载荷，从而导致倾覆。

重点与难点

1. 土木工程使用阶段的主要安全问题。
2. 教学难点为土木工程使用阶段的主要安全管理措施。

思考与练习

1. 土木工程使用阶段的安全风险有哪些？研究使用阶段土木安全工程问题有什么实际意义？
2. 土木工程使用阶段安全控制原则有哪些？
3. 土木工程常用检测方法及安全鉴定方法有哪些？

第 **7** 章

土木安全工程事故分析实例

在我国基础建设飞速发展的同时，各种土木工程事故层出不穷。一直以来，事故的调查和处理都是人们关注的重点，科学、全面的事故分析不仅可以为事故处理提供必要的依据，还能为预防同类事故的发生提供宝贵的经验。本章在分析事故实例时，通过因果分析图简洁直观地展示事故原因，根据因果分析图对事故原因进行具体阐述，最后运用事故树分析法对事故进行定性分析。

7.1　土木工程事故的含义

事故是发生于预期之外的造成人身伤害或财产或经济损失的事件。事故这种意外事件除了影响人们的生产、生活活动顺利进行之外，往往还可能造成人员伤害、财物损坏或环境污染等其他形式的严重后果。从这个意义来说，事故是在人们生产、生活活动过程中突然发生的、违反人意志的、迫使活动暂时或永久停止、可能造成人员伤害、财产损失或环境污染的意外事件。

按照《工程结构可靠性设计统一标准》（GB 50153—2008）的规定，建筑结构必须满足的功能有：

①能承受正常施工和正常使用时可能出现的各种作用。

②在正常使用时具有良好的工作性能。

③在正常维护下具有足够的耐久性。

④在偶然作用（如地震、火灾、爆炸、风灾）发生时或发生后，结构仍能保持必要的整体稳定性。

我国建设部规定，凡质量达不到合格标准，必须进行返修、加固或报废，由此造成的直接损失在5000元（含5000元）以上的称为工程质量事故。通常将按照国家质量验收标准验收达不到要求，或者建筑结构功能不能得到满足的称为土木工程事故。

土木工程安全事故按照工程的结构功能受损可以分为以下几类：

①开裂事故。这是工程中最常见的事故，包括混凝土结构、砌体结构等。

②倒塌事故。主要是指结构整体或局部倒塌，倒塌通常带来较为严重的后果。

③错位及变形过大事故。主要是指结构在施工阶段或使用阶段位移过大，或者尺寸出现偏差，以及预埋件错位等。

④地基工程事故。包括地基失稳、变形过大，以及边坡失稳、滑坡等。

⑤基础工程事故。包括基础错位、变形过大以及沉降不均等，基础强度不足、开裂等。

⑥结构或构件承载力不足事故。主要是指因配筋不足或不当、混凝土强度不足、构件截面不够等引起的结构或构件承载力不足导致的事故。

⑦偶然荷载引起的事故。主要是指地震、火灾、爆炸冲击等引起的事故。

7.2　事故分析方法

在事故发生后，为了尽可能全面地寻找和分析事故原因，可以采用因果分析法和事故树分析法。因果分析法简便实用，易于推广，用其寻找原因能使人们的认识系统化、条理化，使事故的因果关系层次分明。但是，直接在因果分析图中较难判别出事故的主要原因，这就需要通过事故树分析法来确定各个基本原因事件的结构重要程度，从而确定事故的主要原因。

7.2.1　因果分析法

因果分析法是把系统中产生事故的原因及造成的结果所构成错综复杂的因果关系，采用简明文字和线条加以全面表示的方法。用于表述事故发生的原因与结果关系的图形称为因果分析图，通常也称为鱼刺图或鱼骨图。

因果分析图可以分为整理问题型、原因型和对策型三种类型，这里只介绍原因型因果分析图。原因型绘制步骤可以归纳为：针对结果，分析原因；先主后次，层层深入。具体步骤如下：

①确定要分析的某个特定问题或事故，通常以"为什么……"的格式来表示，写在图的右边，画出主干，箭头指向右端。

②确定造成事故的因素分类项目，画大枝，必须用中性词描述，如安全管理、操作者、材料、技术、环境等。

③将上述项目深入发展，表示对应的项目造成事故的原因，一个原因画出一个枝，画中枝或小枝，必须使用价值判断，如管理人员失误。

④将上述原因层层展开，一直到不能再分为止。

⑤确定因果分析图中的主要原因，并标上符号，作为重点控制对象。

⑥注明因果分析图的名称。

7.2.2　事故树分析法

事故树分析法(fault tree analysis，简称 FTA)是在事故链理论的基础上发展形成的。事故链理论认为事故的发生是由若干个大坏节按链式组成的，每个环节中包含多个不同的事故原因。在事故链理论的基础上，如果将上一环节中包含的事故原因和下一环节包含的事故原因根据实际情况一一对应起来，就可以得到树形的事故树。事故树分析法是从特定事故或故障开始，层层分析其发生原因，直到找出事故的基本原因为止的方法，可以对事故的原因定性和定量分析，它是工程事故分析最常用的方法之一。

1. 事故树分析法的基本概念

顶上事件：位于事故树顶端的事件，即所要分析的事故。

底事件：事故树底端的事件，是导致其他事件的原因事件，包括基本事件和省略事件。

中间事件：位于事故树顶上事件和底事件之间的结果事件。

事故树中的事件是由各种符号和其连接的逻辑门组成，常见符号和逻辑门如下。

矩形符号：表示顶上事件或中间事件。

圆形符号：表示基本事件，可以是人的差错，设备与机械故障、环境因素等，不再继续往下分析。

菱形事件：表示省略事件，即来自系统外的原因事件。

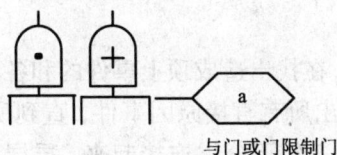

与门或门限制门

图 7 - 1　常用的逻辑符号

与门：所有输入事件都发生时，输出事件才发生。

或门：至少一个输入事件发生时，输出事件才发生。

限制门：输入事件发生在满足条件 a 时，输出事件才发生。

2. 事故树的编制和分析流程

事故树分析根据对象事故的性质、分析目的的不同，分析的流程也不同，使用者可能根据实际需要和要求来确定分析程序。事故树的一般分析流程如图 7 - 2 所示。

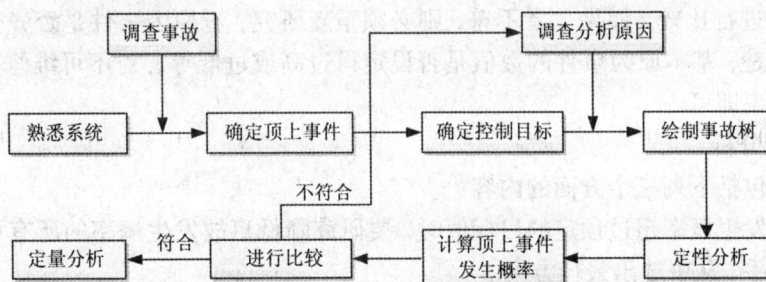

图 7 - 2　事故树分析流程

（1）熟悉系统

要确实了解系统情况，包括工作程序、各种重要参数、作业情况，围绕所分析的事件进行工艺、系统、相关数据等资料的收集。必要时画出工艺流程图和布置图。

（2）调查事故

要求在过去事故实例、有关事故统计基础上，尽量广泛地调查所能预想到的事故，即包括已发生的事故和可能发生的事故。

（3）确定顶上事件

所谓顶上事件，就是所要分析的对象事件。选择顶上事件，一定要在详细了解系统运行情况、有关事故的发生情况、事故的严重程度和事故的发生概率等资料的情况下进行，而且事先要仔细寻找造成事故的直接原因和间接原因。

（4）确定控制目标

根据以往的事故记录和同类系统的事故资料，进行统计分析，求出事故发生的概率（或频率），然后根据这一事故的严重程度，确定要控制的事故发生概率的目标值。

（5）调查分析原因

顶上事件确定之后，为了编制好事故树，必须将造成顶上事件的所有直接原因事件找出来。其中，直接原因事件可以是机械故障、人的因素或环境原因等。

（6）绘制事故树

该环节是FTA的核心部分。在找出造成顶上事件的和各种原因之后，就可以从顶上事件起进行演绎分析，一级一级地找出所有直接原因事件，直到所要分析的深度，再用相应的事件符号和适当的逻辑门把它们从上到下分层连接起来，层层向下，直到最基本的原因事件，这样就构成一个事故树。

（7）定性分析

根据事故树结构进行化简，求出事故树的最小割集和最小径集，确定各基本事件的结构重要度排序。本书仅针对具体事故进行定性分析，对定量分析不要求。

（8）计算顶上事件发生概率

根据所调查的情况和资料，确定所有原因事件的发生概率，并标在事故树上。根据这些基本数据，求出顶上事件（事故）发生概率。

（9）进行比较

根据可维修系统和不可维修系统分别考虑。对可维修系统，把求出的概率与通过统计分析得出的概率进行比较，如果二者不符，则必须重新研究，看原因事件是否齐全，事故树逻辑关系是否清楚，基本原因事件的数值是否设定得过高或过低等。对不可维修系统，求出顶上事件发生概率即可。

（10）定量分析

定量分析包括下列三个方面的内容：

①当事故发生概率超过预定的目标值时，要研究降低事故发生概率的所有可能途径，可从最小割集着手，从中选出最佳方案。

②利用最小径集，找出根除事故的可能性，从中选出最佳方案。

③求各基本原因事件的临界重要度系数，从而对需要治理的原因事件按临界重要度系数大小进行排队，或编出安全检查表，以求加强人为控制。

本阶段内容较多，包括计算顶上事件发生概率即系统的点无效度和区间无效度，此外还要进行重要度和灵敏度分析。

3. 事故树的定性分析

因为不做定量分析，所以事故树分析的一些流程可以省略。一般只需要在熟悉系统的前提下，通过确定顶上事件并调查分析原因即可绘制出事故树，从而达到定性分析的目的。定性分析的主要工作是求出事故树的最小割集和最小径集，确定各基本事件的结构重要度排序。

（1）最小割集

最小割集指能够引起顶上事件发生的最起码的基本事件的集合；换句话说，如果割集中任一基本事件不发生，顶上事件就决不发生。最小割集表明系统的危险性，每个最小割集都是顶上事件发生的一种可能渠道。最小割集的数目越多，系统越危险。运用布尔代数法化简事故树即可求得最小割集。

（2）最小径集

最小径集指基本事件不发生顶上事件就不会发生的集合。最小径集表明系统的安全性。求出最小径集可以了解，要使顶上事件不发生有几种可能方案，并掌握系统的安全性，为控制事故提供依据。具体求法是利用对偶性原理，将事故树模型转化为成功树模型，对成功树进行化简，求出成功树的最小割集，即为事故树的最小径集。

对偶性原理就是将与门变为或门，或将门变为与门，事故树中的原事件变为其对立事件。

在求最小割（径）需要用到的布尔代数法运算法则主要有分配律和摩尔根定律。

分配律：$A \cdot (B + C) = A \cdot B + A \cdot C$；$(A + B) \cdot (A + C) = A + B \cdot C$

摩尔根定律：$(A + B)' = A' \cdot B'$；$A' + B' = (A \cdot B)'$

上式中"·"表示与门，"+"表示或门，A 和 A' 为对立事件，$A \cdot B$ 也可以写成 AB，AB 写成集合形式：$P = \{A, B\}$。

（3）结构重要度的定性分析

结构重要度的定性分析是在不考虑基本事件发生的概率是多少前提下，仅从事故树结构上分析各基本事件的发生对顶上事件发生的影响程度，以便在制定安全防范措施时根据轻重缓急，使系统达到经济、有效、安全的目的。结构重要度定性分析原则如下：

①单事件最小割（径）集中基本事件结构重要系数最大。例如：$P_1 = \{X_1\}$；$P_2 = \{X_2, X_3\}$；$P_3 = \{X_4, X_5, X_6\}$。第一个最小径集只含一个基本事件 X_1，按此原则 X_1 的结构重要系数最大。

②仅出现在同一最小割（径）集中的所有基本事件结构重要系数相等。例如：$P_1 = \{X_1\}$；$P_2 = \{X_2, X_3\}$；$P_3 = \{X_4, X_5, X_6\}$。X_2，X_3 只出现在第二个最小径集，在其他最小径集中都未出现，因此 $I(2) = I(3)$。

③出现在基本事件个数相等的若干个最小割（径）集中的各基本事件结构重要系数依出现次数而定，即出现次数少，其结构重要系数小；出现次数多，其结构重要系数大；出现此数相等，其结构重要系数相等。例如：$P_1 = \{X_1, X_2, X_3\}$；$P_2 = \{X_1, X_3, X_4\}$；$P_3 = \{X_1, X_4, X_5\}$。此事故树有 5 个基本事件，都出现在含有 3 个基本事件的最小割集中。X_1 出现 3 次，X_3、X_4 出现 2 次，X_2、X_5 只出现 1 次，按此原则，$I(1) > I(3) = I(4) > I(5) = I(2)$。

④若它们在少事件的最小割（径）集中出现次数少，在多事件最小割（径）集中出现次数多，以及其他更为复杂的情况，可用下列近似判别式计算：

$$\sum I(i) = \sum_{X_i \in K_j} \frac{1}{2^{n_i - 1}}$$

式中：$I(i)$——基本事件 X_i 结构重要系数近似判别值，该值越大，则对应基本事件越重要；

$X_i \in K_j$——基本事件 X_i 属于 K_j 最小割（径）集；

n_i——基本事件 X_i 所在最小割（径）集中包含基本事件的个数。

例如：$P_1 = \{X_1, X_3\}$；$P_2 = \{X_1, X_4\}$；$P_3 = \{X_2, X_4, X_5\}$；$P_4 = \{X_2, X_5, X_6\}$；$P_5 = \{X_2, X_6, X_7\}$。基本事件 X_1 与 X_2 比较，X_1 出现两次，但所在的两个最小径集都含有两个基本事件；X_2 出现 3 次，所在的 3 个最小径集都含有 3 个基本事件，根据此原则判断：

$$I(1) = \frac{1}{2^{2-1}} + \frac{1}{2^{2-1}} = 1 \text{；} I(2) = \frac{1}{2^{3-1}} + \frac{1}{2^{3-1}} + \frac{1}{2^{3-1}} = \frac{3}{4}$$

所以：$I(1) > I(2)$，即基本事件 X_1 对顶上事件的影响程度大于 X_2。

利用上述四条原则判断基本事件结构重要系数大小时，必须从第一至第四条按顺序进行，不能单纯使用近似判别式，否则会得到错误的结果。基本事件的结构重要顺序排出后，可以用于判别不同事故原因对最终造成的事故的影响程度大小，也可以作为制定安全检查表、找出日常管理和控制要点的依据。

7.3　湖南凤凰沱江大桥坍塌事故分析

7.3.1　事故概况

湖南省湘西土家族苗族自治州凤凰县堤溪沱江大桥是凤凰县至大兴机场二级路的公路桥梁，桥身设计长 328 m，主桥跨度为 4 孔，每孔 65 m，高度 42 m。按照交通部的标准，此桥属于大型桥。堤溪沱江大桥上部构造主拱券为等截面悬链空腹式无铰拱，腹拱采用等截面圆弧拱。基础则奠基在弱风化泥灰或白云岩上，混凝土、石块构筑成基础，全桥未设制动墩。

2007 年 8 月 13 日下午 4 时 40 分左右，堤溪沱江大桥发生坍塌事故，桥梁将凤凰至山江公路塞断，当时现场正在施工，造成 64 人死亡，22 人受伤，直接经济损失 3974.7 万元。

图 7-3　凤凰桥塌陷事故现场

7.3.2　因果分析图

针对以上事故，可以从人、环境、材料、技术四个方面分析事故原因，绘制因果分析图如图 7-3 所示。

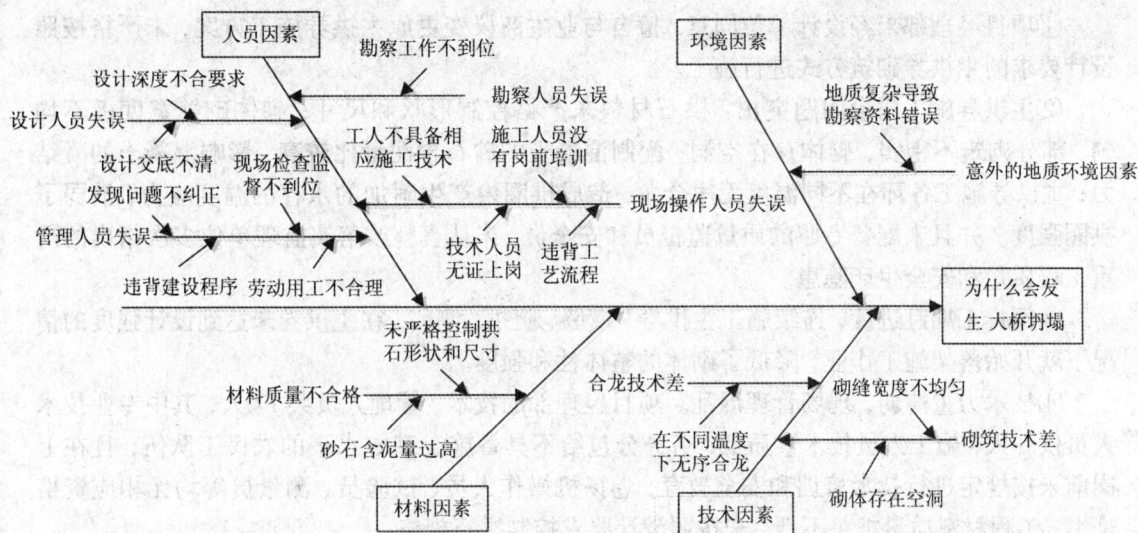

图 7 – 3　凤凰桥塌陷事故因果分析图

7.3.3　事故原因分析

根据凤凰桥塌陷事故的因果分析图,再结合具体实际情况,从工程的建设单位、勘察设计单位、施工单位、监理单位四个角度对事故原因进行具体阐述。

1. 建设单位原因

建设单位严重违反建设工程管理的有关规定,项目管理混乱。具体包括五个方面:

①对发现的施工质量不符合规范、施工材料不符合要求等问题,未认真督促整改。

②未经设计单位同意,擅自与施工单位协商变更原主拱券设计施工方案,且为确保凤大公路在"州庆"前交工通车,盲目倒排工期赶进度,将原计划三个月完成的主拱券砌筑时间压缩为一个半月,严重影响大桥主拱券砌筑质量。同时,为赶施工进度,越权指挥施工,甚至要求监理不上桥检查。

③未能加强对工程施工、监理、安全等环节的监督检查,对检查中发现的工程质量问题未认真督促纠正;发现施工单位选用的施工材料不符合设计要求、施工人员未经培训等问题后未认真督促整改;发现监理人员资格不符合要求后也未采取任何措施。

④湘西公路局主要领导不能认真履行职责,放松对工程建设质量和安全生产的监督检查,没有督促整改工程存在的重大安全隐患。

⑤湖南省公路局在将项目委托给州公路局后未认真履行自己的职责,疏于监督管理,没有及时发现和认真解决工程建设中存在的各种问题。

2. 勘察设计单位原因

勘察设计单位工作不到位。违规将地质勘察项目分包给个人,前期地质勘察工作不细,未能查明桥墩下面存在严重裂隙;设计深度不够,施工现场设计服务不到位、设计交底不清。

3. 施工单位原因

施工单位严重违反工程建设质量和安全生产的法律法规和技术标准,施工质量控制不力，现场管理混乱，具体包括如下方面：

①项目经理部未经设计单位同意，擅自与业主商议变更原主拱券施工方案，未严格按照设计要求的主拱券砌筑方式进行施工。

②主拱券施工质量问题突出：拱石材料未严格控制形状和尺寸；砌体砌缝宽度极不均匀，部分砌筑不密实，砌体存在空洞；配制混凝土的砂石含泥量比较高，影响混凝土的凝结力；主拱券施工各环在不同温度无序合龙，造成拱圈内产生附加的永存的温度应力，消弱了拱圈强度。并且未配备专职的质量监督员和安全员，未认真整改落实监理单位多次指出的严重工程质量和安全生产隐患。

③倒排工期赶进度，连续施工主拱券、横墙、腹拱、侧墙，在主拱券未达到设计强度的情况下就开始落架施工作业，降低了砌体的整体性和强度。

④技术力量薄弱，现场管理混乱。项目经理部的技术、管理人员共 17 人，其中专业技术人员仅 6 人；施工人员技术素质低，劳务分包给不具备施工基本水平的农民工队伍，且在上岗前未按规定进行技术培训和安全教育，卷扬机操作人员、试验员、测量员等均无相应资格证书；工程材料质量把关不严，未按照设计要求控制拱石规格。

⑤施工单位未按规定履行质量和安全管理职责。没有专门的安全生产管理机构，在巡查中走过场，未能发现存在的严重质量、安全生产隐患以及施工现场管理混乱问题；允许项目经理部招雇没有石拱桥施工经验的农民工和无证上岗人员，违规允许项目经理部变更原主拱券设计施工方案，盲目倒排工期赶进度。

⑥湖南路桥建设集团公司对工程施工安全质量工作监管不力。湖南路桥建设集团公司对施工单位的机构设置、人员配置、质量安全职责和控制措施监管落实不力；指导和监督施工单位贯彻落实工程建设质量和安全生产管理的规章制度不力；对项目经理部长期存在管理混乱、人员不到位、无证上岗、工程质量、变更原主拱券设计施工方案、不顾工期延误现实盲目倒排工期赶进度等问题失察。

4. 监理单位原因

监理单位违反有关规定，未能依法履行工程监理职责，具体包括三个方面：

(1)现场监理处对施工单位擅自变更原主拱券施工方案，未予以坚决制止；在主拱券施工关键阶段，监理处人员投入不足；对发现的主拱券施工质量问题督促整改不力，不仅没向有关主管部门报告，有关监理人员还在主拱券砌筑完成但拱圈强度尚未测出的情况下，即在验收砌体质检表、检验申请批复单、施工过程质检记录表上签字。

(2)监理公司对现场监理处管理不力。派驻现场监理处技术人员不足；一半监理人员不具备执业资格；对驻场监理人员频繁更换，不能保证大桥监理工作的连续性。

(3)湖南省交通规划勘察设计院未能认真督促金衢监理公司贯彻落实有关工程质量和安全生产的法律法规和规章制度，对金衢监理公司在堤溪大桥工程监理中存在的问题失察。

7.3.4　事故树分析

根据事故发生的原因，可以绘制出事故树如图 7 - 4 所示。

对以上的事故树的底事件按照事故责任方(建设单位、勘察设计单位、施工单位、监理单位)进行分类，可以得出表 7 - 1。

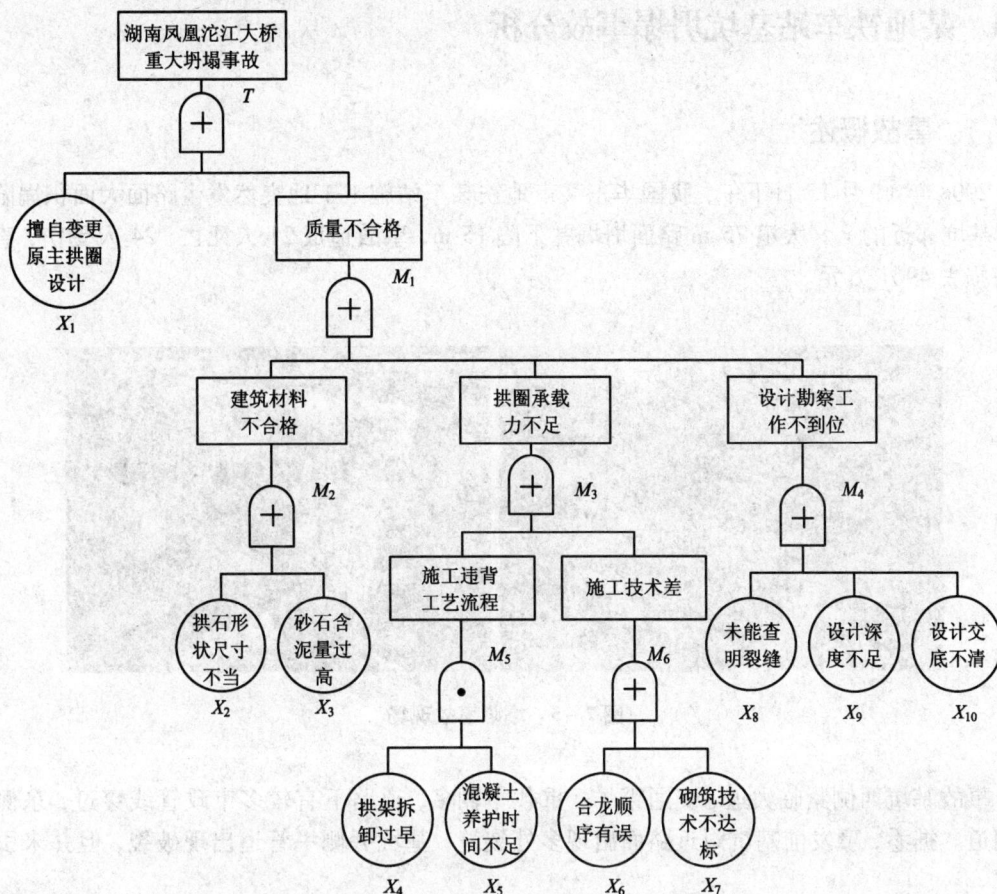

图 7 – 4　凤凰桥塌陷事故的事故树

注: 1. T 代表顶上事件, M 代表事件, X 代表基本原因事件

　　2. 该事故的各基本原因事件的结构重要度基本相同, 故不再进行排序。

表 7 – 1　事故责任方与事故基本原因的对应关系

责任方	建设单位	勘察设计单位	施工单位	监理单位
相关的事件	X_1, X_2, X_3, X_4, X_5, X_6, X_7	X_8, X_9, X_{10}	X_1, X_2, X_3, X_4, X_5, X_6, X_7	X_1, X_2, X_3, X_4, X_5, X_6, X_7

注: 一个底事件可能是由一个或几个事故责任单位造成的。

　　根据表 7 – 1 可以看出, 勘察设计阶段出现的问题主要由勘察设计单位负责, 但在施工阶段出现的问题, 通常都是由建设单位、施工单位、监理单位三方各自的工作失误共同造成的, 只要任意一方的工作做到位, 也许事故就能够避免。因此, 在勘察设计阶段勘察设计单位需要足够的细心, 因为这一阶段相对来说缺乏其他单位的制约性; 而施工阶段则要求建设单位、施工单位和监理单位都切实履行好各自的责任。然而, 在工程实际情况中, 各单位往往都是屈从建设单位的意志而忽视自己的责任, 这也是事故发生的最主要原因之一。

7.4　某地铁车站基坑坍塌事故分析

7.4.1　事故概述

2008 年 11 月 15 日下午,我国华东某市地铁某车站施工工地突然发生路面大面积塌陷事故,基坑邻近的 × × 大道 75 m 路面坍塌并下陷 15 m,事故造成 21 人死亡,24 人受伤,直接经济损失 4961 万元。

图 7-5　塌陷事故现场

事故基坑西侧紧临大道,交通繁忙,重载车辆多,道路下有较多市政管线穿过,东侧有一河道。据悉,事发前基坑附近路面出现多处裂缝,基坑旁侧一管道出现破裂,但并未引起重视。

事发时,西侧中部地下连续墙横向断裂并倒塌,东侧地下连续墙也产生严重位移。由于大量淤泥涌入坑内,× × 大道随后出现塌陷。地面塌陷导致地下污水等管道破裂、河水倒灌造成基坑和地面塌陷处进水,基坑内最大水深约 9 m。

国务院安全生产委员会办公室已对这一事故发出通报,《通报》指出该事故暴露的五个方面的问题:一是企业安全生产责任不落实,管理不到位;二是对发现的事故隐患治理不坚决、不及时、不彻底;三是对施工人员的安全技术培训流于形式,甚至不培训就上岗;四是劳务用工管理不规范,现场管理混乱;五是地方政府有关部门监管不力。

7.4.2　因果分析图

针对以上事故,可以从人、材料、环境、技术四个方面分析事故原因,绘制因果分析图如图 7-6 所示。

7.4.3　事故原因分析

根据图 7-6,再结合具体实际情况,从地铁建设管理部门(包括地铁建设的主管部门和业主单位)、勘察设计单位、施工单位、监理单位四个角度对事故原因进行具体阐述。

1. 管理部门原因

事故发生后,有专家认为,地铁建设管理部门主要有以下几点失误:

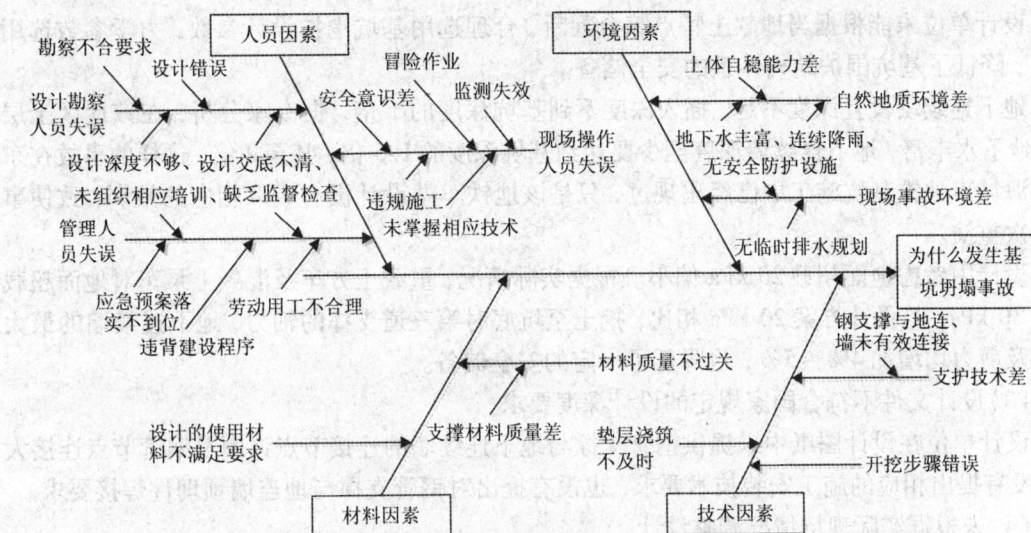

图7-6　地铁基坑坍塌事故因果分析图

（1）不顾工程实际，盲目求快

该市地铁1号线国家发改委批复完工日期为2010年，建设时拆迁已经滞后一年，实际土建工程于2008年6月才真正开工，但部分领导仍要求工期提前至2009年完成，要求打造全国最快，甚至世界第一快的建设速度（通常情况下合理的工期应为3~4年，而国外发达国家却往往为6~7年），实际工期1年半，故而将原分段分层的开挖方法改变为大区段整体开挖，以满足工期要求。

（2）改线决策缺乏有力依据

对一个城市地铁路网的层次和分工缺乏系统性、整体性的考量；线路设计的前期论证做得不够扎实，开工不久就进行较大改动，造成重大的工程变更和投资失控，给后期工作带来很多隐患。据该市规划局一名官员表示，2005年6月国务院批准的该市地铁方案，湖滨站口设在西湖大道与延安路的交叉点上，但在2007年3月，已通过法定程序的原规划突然被调整，改从延安路和将军路斜穿通过开元路至西湖大道。同时，一号线江南终点站由城厢街道变更为远离萧山老城区的湘湖区块。由于该区域并无密集居住区，仅有数个大型房地产商开发在建的高档别墅区，该方案被认为是为少数富人服务，而特意设线于此。

（3）不坚持科学发展观，不按客观规律办事，盲目压缩投资

该基坑所处的地质条件极差，但投资方为减少建设投资，仍然不断压缩各个环节的投入成本，各种安全措施不断弱化，如：取消基底加固，不愿投入因交通管制需增加的费用，致使基坑附近的车流量严重超标等。

2. 勘察设计单位原因

（1）勘察不符合规范要求

经调查发现，勘察阶段中基坑采取原状土样及相应主要力学试验指标较少，不能完全反映基坑土体的真实情况；勘察单位未考虑薄壁取土器对基坑设计参数的影响，且未根据当地软土特点综合判断选用推荐土体力学参数；并且试验原始记录已遗失，无法判断其数据的真实性。

（2）设计错误

设计单位未能根据当地软土特点综合判断、合理选用基坑围护设计参数，力学参数选用偏高，降低了基坑围护结构体系的安全储备。

地下连续墙设置深度不足，插入深度不到基坑深度的1倍，据专家分析，在该地区土层软，地下水丰富，地下连续墙深度至少要达到基坑深度的1.5倍，甚至2倍，这样的事故在东南沿海城市地铁基坑施工中已经出现过，只是该地铁车站设计没有吸取相应的教训，致使事故再次重演。

设计中考虑地面超载20 kPa偏小。根据实际情况，重载土方车及混凝土泵车对地面超载宜取30 kPa，与设计方案20 kPa相比，挖土至坑底时第三道支撑的轴力、地下连续墙的最大弯矩及剪力均增加4%~5%，也降低了一定的安全储备。

（3）设计文件不符合国家规定的设计深度要求

设计单位在设计图纸中未提供钢管支撑与地下连续墙的连接节点详图及钢管节点连接大样，没有提出相应的施工安装技术要求，也没有提出对钢管支撑与地连墙预埋件焊接要求。

（4）未根据实际现场情况调整设计

事故与该市特殊的土质和前段时间的持续性降雨、一侧地下管道破裂等原因也有一定关系。该市整体上属冲积型平原，地质条件极其复杂，且基坑位置靠近钱塘江，地下水非常丰富，地下水位偏高，土质以沙层粉土为主。同时，十月份该市出现的一次罕见的持续性降雨过程，使得地下水位上升，地底沙土的流动性进一步加大；基坑一侧有一个地下管道发生破裂，基坑侧边土体浸泡在水中。设计单位之前并未考虑这些问题，也没有根据现场实际情况调整原设计。

3. 施工单位原因

（1）施工单位违规施工、冒险作业

按原设计工况，基坑开挖共分为6个施工段，土方分5层开挖，共设4道钢支撑。但实际开挖并未按照设计工况进行，存在严重超挖现象。特别是最后两层土方（第4层、第5层）同时开挖，而且垂直方向超挖约3 m。开挖到基底后，水平方向多达26 m范围未架设第4道钢支撑，已支撑段部分钢支撑与地下连续墙预埋件未进行有效连接，第3和第4施工段开挖土方到基底后约有43 m未浇筑混凝土垫层。这些问题共同导致地下连续墙侧向变形、墙身弯矩和支撑轴力增大。施工单位违规施工、冒险作业是导致事故发生的直接原因。

（2）施工单位施工管理不合理

①对施工人员的安全技术培训流于形式，不培训就直接上岗

现场工人在上岗前没有经过技术培训，现场安全措施和应急预案也面临质疑。据了解，幸存工人大多从事扎钢筋、木工、防水工、泥工等工作，他们都表示没有进行过安全培训。这也是中国现在广大建筑市场潜在的问题。

②劳务用工管理不规范，现场管理混乱

目前建筑市场流行这样的说法：一级企业中标，二级企业挂靠，三级企业管理，无级工头承包，这也形象的说明了现在工程中层层转包的现象。在该地铁坍塌事故中遇难（失踪）的人员包括钢筋、木工、凿除、杂工4个工班，而这4个工班分属不同的承包人，管理起来非常困难，有的施工单位一般只管理几个包工头，这样就使工程建设过程中存在各种管理隐患。

③对发现的事故隐患治理不坚决、不及时、不彻底

该地铁湘湖站坍塌事故的发生并不是没有任何预兆的。事发一个月前，事故地点上方路面就出现最大宽度 1 m 多的裂缝。这本应当引起项目部足够的重视，但施工单位并未及时处理，而是在等待所谓的"上级批示"。

④企业安全生产责任不落实，管理及事后救援不到位

事故发生后，施工单位甚至无法立即给出事故失踪具体人数。作为人命关天的大工程大项目，施工单位应该本着质量至上，严格按照设计安排施工工序及施工工艺；应该加强施工人员的技术培训；应该认真制定并落实生产安全事故应急预案；应该以工程为本，以人为本。

（3）工程施工监测部门责任

施工过程中的监控量测对于工程建设来说是至关重要的。早在 10 月 8 日，该市建设工程质量安全监督总站对地铁 1 号线湘湖站监测工作存在"监测人员不到位"、"监测内容不全"等六条问题进行通报。事故调查发现，电脑中的原始监测数据与报表中的数据不一致，实际变形已超设计报警值而未报警，可以认为监测方有伪造数据或对内对外两套数据的可能性。据悉，湘湖站的监测工作真正的操作者正是施工方，监测单位只是挂名。

4. 监理单位原因

作为建设单位请来监管施工的独立部门，应该秉公办事，严格按照规范检查施工的每一道工序，严格按照设计监管施工的每一个过程。对于事发前出现的众多安全隐患，监理方应该要求施工单位整改，但事实上并未履行好相应职责。因此，监理单位也有难以推卸的责任。

7.4.4 事故树分析

1. 绘制事故树

根据上述对地铁基坑坍塌事故原因的描述，可以绘得事故树如图 7-7（与上一小节的事故树有所不同，为了更好地分析事故原因，本节的事故树尽量将事故原因落实到各个事故的责任单位）。

2. 求最小割集

根据分配律：

$$T = M_1 M_2 = (X_1 + X_2)(M_3 + M_4 + M_5)$$
$$= X_1[A_1 X_2(X_3 + X_4 + X_5 + X_6) + (X_7 + X_8) + A_2(X_9 + X_{10} + X_{11} + X_{12})]$$
$$= A_1 X_1 X_2 X_3 + A_1 X_1 X_2 X_4 + A_1 X_1 X_2 X_5 + A_1 X_1 X_2 X_6 + X_1 X_7 + X_1 X_8 +$$
$$A_2 X_1 X_9 + A_2 X_1 X_{10} + A_2 X_1 X_{11} + A_2 X_1 X_{12}$$

该事故共有 10 个最小割集（有兴趣的读者可以根据摩尔根定律求出最小径集。）

3. 定性分析

从最小割集中可以发现，与勘察单位有关的割集有 1 个，与设计单位有关的割集有 3 个，与施工单位有关的割集有 6 个，与监理单位有关的割集有 4 个，与业主单位有关的割集有 8 个。根据事故树定性分析相关理论可知，以上基本原因事件的结构重要度排序为：

$$I(1) > I(2) > I(7) = I(8) > I(9) = I(10) = I(11) = I(12) > I(3) = I(4) = I(5) = I(6)$$

如果将业主单位对设计和施工过程的影响系数记为一个基本事件 X_0，那么重新排序后：

$$I(1) > I(0) > I(2) > I(7) = I(8) > I(9) = I(10) = I(11)$$
$$= I(12) > I(3) = I(4) = I(5) = I(6)$$

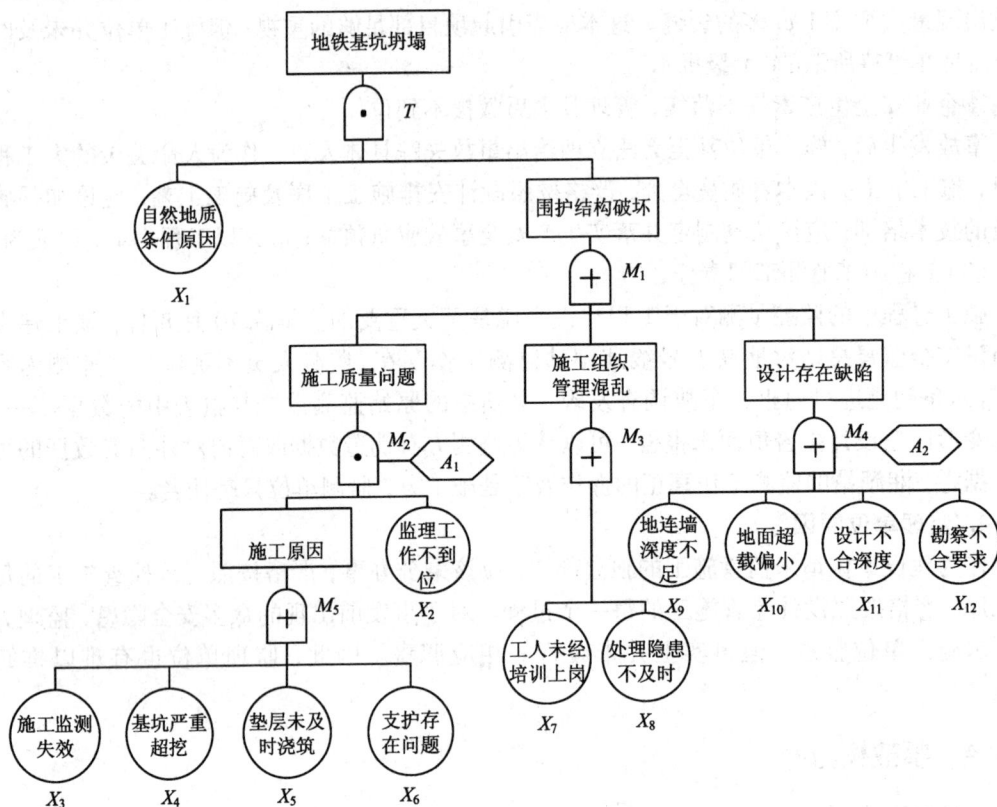

图 7-7　地铁基坑坍塌事故的事故树

注：1. T 代表顶上事件，M 代表事件，X 代表基本原因事件；

　　2. 自然地质原因包括土质差，连续降雨致使地下水位升高等，由于这些是客观因素，这里不再细分，统一以 X_1 表示；

　　3. 业主单位虽然不是事故直接原因方，但在整个工程建设中存在要求工期紧，改线决策不合理和盲目压缩投资等问题，在事故树中以影响系数形式(用限制门)表示，A_1 和 A_2 分别为业主存在的问题对施工和设计过程的影响系数。

　　由上述结构排序可知，该事故中自然地质原因对事故发生的影响程度最大，但它不属于人为可控因素，所以不需要进行分析研究。其次，业主单位是工程项目的投资主体，对工程项目起到决定性作用，虽然不是事故的直接原因方，但对事故的影响程度不亚于施工单位。显然，施工单位对事故负有直接责任，在最小割集中所占比重大于设计勘察单位和监理单位。同时，监理单位的责任也不容忽视，"监理单位工作不到位"在结构重要度排序中名列前茅，"监理工作不到位"可能由于缺乏经验，没有及时发现问题，或是发现问题没有及时要求施工单位整改，或是施工单位不整改没有及时上报等。由此可知，现场监理一定要由经验丰富且责任心强的人担任。当然，设计勘察单位对该事故也有不可推卸的责任。

　　事故树的定性分析虽然不精确，但也能大致反映出与工程有关的各个单位对事故的影响程度，对事故影响程度越大，对事故所负的责任也越大。

7.5　韩国三丰百货大楼坍塌事故分析

7.5.1　事故概况

1995 年 6 月 29 日下午 5 点 50 分，韩国三丰百货大楼出现楼板断裂声时，工作人员立即拉响警报，并开始疏散顾客。2 分钟后，楼顶开始垮塌，在短短 20 秒内，5 层高的百货大楼全部塌陷，大楼几乎瞬间化为一堆瓦砾，事后现场清理残骸 21000 t。

此次事故造成 502 人遇难，937 人受伤，财产损失高达 2700 亿韩元(约合 2.16 亿美元)，是韩国建筑物灾难里的空前悲剧。

图 7-8　三丰百货大楼坍塌事故现场

7.5.2　因果分析图

三丰百货大楼坍塌事故发生于使用阶段，对于这类公共建筑，其事故后果在使用阶段要比施工阶段严重多。这里以大楼坍塌造成重大损失为研究结果绘制事故因果分析图如图 7-9 所示。

7.5.3　事故原因分析

根据上述事故因果分析图 7-9，按不同阶段对事故原因进行具体阐述。

1. 设计阶段原因

(1) 不合理的设计变更

三丰百货属于所谓普通混凝土平板结构，这是当时广泛采用的设计，成本低而且工期短。楼面由厚厚的混凝土板构成，支撑的混凝土墙柱将建筑物的重量下传到地基。平板结构施工优点多，但其规划却要更加精确，完全不能出错。

按照最初的设计，大楼要建设成一栋 4 层的办公楼，但业主单位却要求大幅变更设计，要求将其重新设计成一栋 5 层的百货大楼，这一改动导致了很多承重柱被取消，以腾出空间来安装自动扶梯。而此时刚刚按原设计完成了地基灌浆，原施工单位认为对整栋平板结构大楼的设计改动十分危险而拒绝按新设计进行施工，业主单位将其解雇并重新将工程发包给按其意愿施工的施工单位。

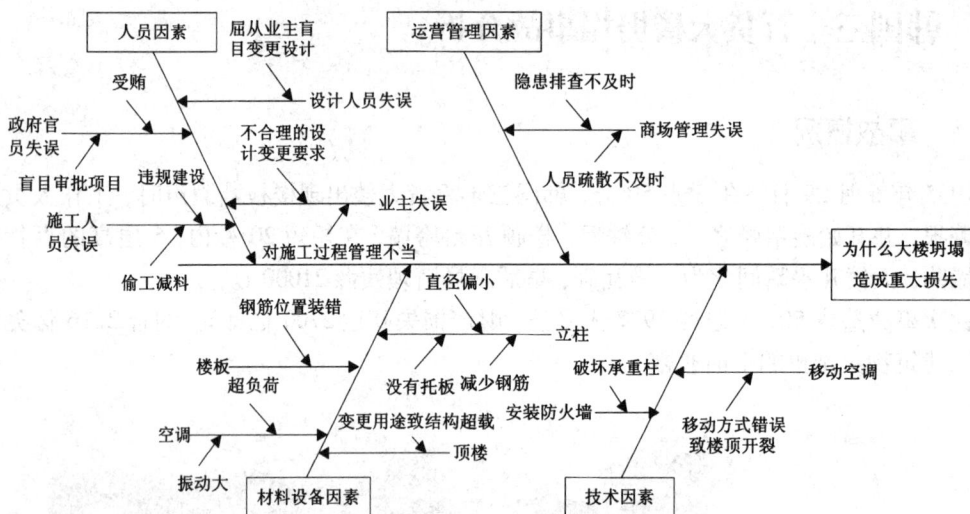

图 7-9　三丰百货大楼坍塌事故因果分析图

（2）审核部门失责

对于三丰百货大楼这类公共建筑的设计变更，地方建筑部门是需要认真审核的，但在事后调查中发现，首尔市的多名地区官员涉嫌在这个过程中接受贿赂，导致存在如此严重问题的设计变更却顺利地通过了审核。

2. 施工阶段原因

现场的调查结果显示，三丰百货大楼的新施工单位在施工过程中存在违规建设和偷工减料现象：

①屈从业主单位要求，违规加盖第五层。

②柱子与楼板间间托板尺寸小于设计尺寸，有的甚至没有托板。

③四楼用于强化混凝土楼板的钢筋位置安装错误，原本应该安装在楼板下部用于抗拉的钢筋竟然与设计位置相差了 5 cm。

④承重柱的直径却比原来的要小，每条承重柱里面的钢筋也由 16 条减至 8 条。

3. 使用阶段原因

（1）结构严重超载

原本 5 楼是计划设置溜冰场，但后来就成了 8 家餐馆，这个一改动增加了承重结构的负担。此外，整幢大楼的空调设备都被安装在了楼顶之上。3 台大型空调共重 29 公吨，加上开放空调满水时，总重量更高达 87 公吨，达设计标准荷载的 4 倍之多。

（2）移动空调设备

许多空调设备原本安装在大楼后部，但由于周围居民抱怨空调设备噪音，都被移到了楼顶前部。这个移动过程本应使用起重机，结果却是所有的设备都是直接在楼顶上利用滑轮被推拽到新的位置，这使本来已经超出负荷的楼顶出现裂痕，整个楼顶结构大受损伤。

（3）安装防火墙

根据汉城的新法规，要求百货公司在电扶梯旁加装防火墙。而为了腾出空间加装防火墙,工人必须切开电扶梯旁的混凝土柱。这样的行为使大楼减少了 25% 以上的重要支撑。

(4)对于事故前的预兆不重视

事发 2 个月前,大楼顶部就开始出现裂缝,但三丰百货的管理层并未重视,没有采取任何措施。事故当天下午 5 点,4 楼的天花板出现下陷现象,工作人员因此封闭了这一楼层,但仍未立刻进行人员疏散。

(5)无视专家意见

事故当天上午,顶楼的裂痕数量急剧增加,管理人员请专家进行检查,专家检查后认为大楼有垮塌危险,建议商场停业进行大楼加固。由于当天商场客流量大,三丰百货的管理层为了盈利,没有下达关闭百货大楼或进行疏散的命令。

7.5.4 事故树分析

1. 绘制事故树

根据以上具体原因阐述,可以绘制韩国三丰百货大楼坍塌事故的事故树如下(该事故树的顶事件其实由两部分组成,一是大楼坍塌,而是造成重大损失):

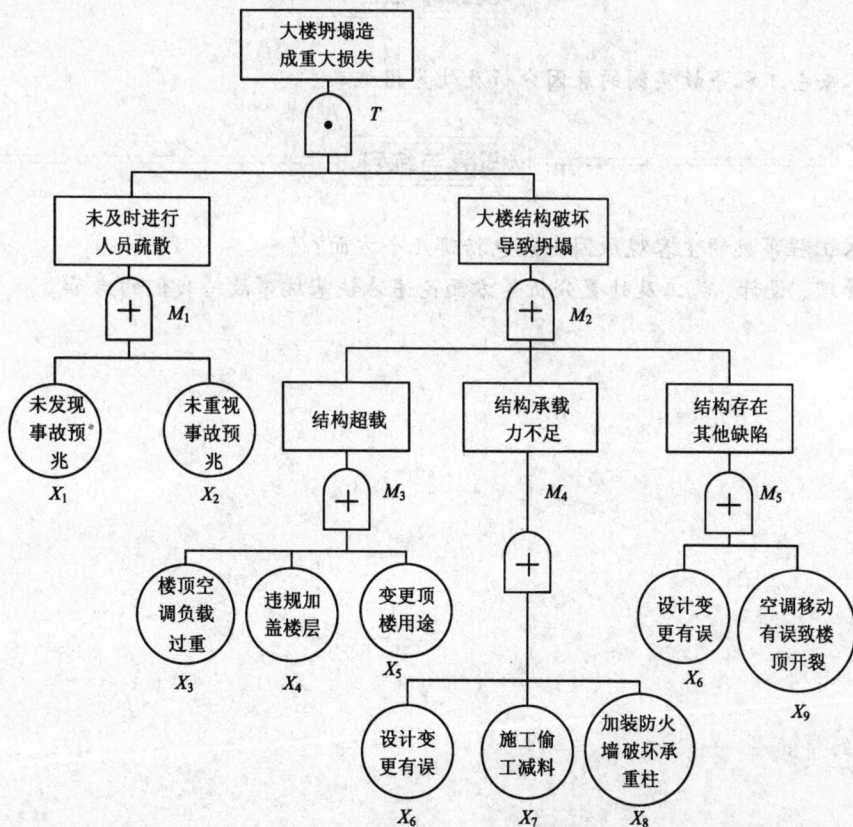

图 7-10 三丰百货大楼坍塌事故的事故树

注:1. T 代表顶上事件, M 代表事件, X 代表基本原因事件;

2. 实际情况中,未进行人员疏散 M_1 是在有事故预兆前提下,商场管理者未重视引起的,即 $X_1 = 0$,在后续分析中可以舍去 X_1。

2. 求最小割集

根据分配律：

$$T = M_1 M_2 = (X_1 + X_2)(M_3 + M_4 + M_5)$$
$$= X_2(X_3 + X_4 + X_5 + X_6 + X_7 + X_8 + X_6 + X_9)$$
$$X_2 X_3 + X_2 X_4 + X_2 X_5 + X_2 X_6 + X_2 X_6 + X_2 X_7 + X_2 X_8 + X_2 X_9$$

该事故共有 8 个最小割集，其中 $X_2 X_6$ 出现了两次。

3. 定性分析

根据事故树定性分析相关理论可知，以上基本原因事件的结构重要度排序为：

$$I(2) > I(6) > I(3) = I(4) = I(5) = I(7) = I(8) = I(9)$$

由上述结构排序可知，未重视事故预兆是这起事故造成严重后果的最主要原因之一，结构重要度最大，如果及时进行人员疏散，尽管大楼还会坍塌，但完全可以避免如此重大的损失。其次，错误的设计变更是大楼坍塌的主要原因。因此，除了设计施工阶段需要各方把各自责任落实到位，使用阶段的正确运营管理也是非常重要的。

重点与难点

1. 土木安全工程事故实例的原因分析及处置措施。

思考与练习

1. 土木工程事故的主客观原因一般包括哪几个方面？
2. 从管理、设计、施工及处置分析等方面论述地铁基坑事故给我们的启示。

第 8 章

全员参与的安全管理

建设工程项目全寿命周期包括规划设计、施工、运营及拆除四个主要阶段，每个阶段均对应着相应的项目参与主体。目前我国工程项目安全管理单方面强调各方的责任，而缺乏在整个项目中参与各方的共同参与、相互沟通的理念。本章针对我国建设工程安全管理存在的问题，借鉴发达国家安全生产经验，提出全员（业主、设计单位、监理单位和施工单位）参与的概念，阐述全员参与安全管理的内涵以及全员参与的工程项目安全等相关内容。

8.1　全员参与安全管理的概念

为减少安全事故的发生，应制定合理的管理理念。在土木工程安全管理理念方面，必须牢记安全是所有人的共同责任。因此，凡是与工程建设有关的各方，包括业主、设计单位、监理单位等都应负有各自的安全责任。根据安全事故的经验总结，各方逐渐认识到，业主、勘察设计单位、监理单位和施工单位都对建筑安全有着重要作用，它们都是安全管理环节不可或缺的一部分。在项目安全管理过程中，全员之间相互联系，相辅相成（图 8-1）。

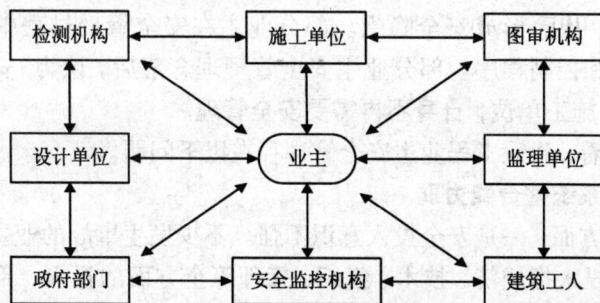

图 8-1　全员各方之间的关系

业主承担全面协调的任务，在勘察中说明项目勘察安全要求，在设计时要求考虑施工安全，在施工中要求监理人员实施必要的安全监理等，这些活动本身具有连续性，不同参与方之间也是相互影响的，业主在其中所起的协调和引导的作用，对于控制建设工程中人的不安全行为具有决定性作用。

勘察设计单位负责工程项目地质勘查、方案设计工作。勘察工作是否到位、详勘文件是否真实准确、设计方案在技术上是否可行、施工工艺是否合理、结构是否安全可靠等，都将决定工程实体的质量与项目的安全进展。

监理单位应按照法律、法规和工程建设强制性标准及建立的委托合同实施监理，对所有监理工程的施工安全生产进行监督检查。监理单位负责工程施工的全过程，监理工作完成的好坏，做得是否规范，关系到能否杜绝、控制和减少各类伤亡事故，保证安全生产。

施工单位是工程的直接建设方，是安全管理的直接参与者，也是被保护的对象。因此，施工单位在参与安全管理的过程中，良好的安全生产意识、安全的管理模式和健康的自我保护意识是必要的，也是减少安全事故发生的保障。

总的来说，当建设过程参与各方都关注工程安全的时候，建设工程发生伤害事故的几率就会降低。全员参与的安全管理不仅要强调人、财、物方面的安全保障，更重要的是项目参与各方的沟通、协调机制。全员的安全管理将是建筑安全管理未来的发展方向，而做好安全设计工作就是为建设工程项目全寿命周期管理打下坚实的基础。按照这种认识转变传统观念，就一定会大大促进建设行业的发展。

8.2 业主与工程项目安全

业主参与项目安全管理是一项综合课题，由于业主在项目安全管理过程中的地位特殊，决定了其参与工程安全管理工作，能够达到其他参与方所达不到的效果。业主积极参与建设工程安全管理有积极作用，随着工程建设过程的不断深入，业主的综合协调作用将进一步凸显。

8.2.1 国内业主安全管理存在的问题

当前，业主对参与施工安全管理工作的重要性认识不足从而导致诸多问题，如急于开工不做可行性研究，开工前不报建，不办理安监手续，不按规定选择承包单位，不进行安全设计，不协调施工现场，从而形成安全隐患。部分业主在安全管理过程中未制定明确安全目标、方针的管理制度和控制程序。部分业主安全管理理念落后，认为"安全生产仅是施工单位的事"，有了监理、施工单位，自身不再需要安全管理。

从系统性角度来看，建设工程业主安全管理存在以下问题。

1. 业主安全管理系统整合能力弱

主要表现为三个方面：一是安全投入意识不强。不少发生事故的业主在安全方面均有投入不足的现象，这种投入指经济、技术、组织、管理等全方面的投入。部分业主对施工过程的安全性考虑较少或根本未加考虑，往往为追求建筑的外观效果而增大结构复杂程度，造成施工难度大，危险因素多。二是参与施工安全管理深度不够。许多业主认为将项目施工委托给施工单位，将技术监督委托给监理单位，自身在这个阶段就不必承担任何安全责任。然而从本质上来看，施工单位的安全管理是被动的管理，而业主的安全管理则是主动管理。施工阶段只有通过主动的管理才能达到"预防为主"的安全管理效果。三是业主安全文化建设薄弱。近年来研究表明，安全措施持续成功与否，最终还是由该行业的安全文化决定。建设工程安全文化的建设又是一个漫长而艰难的过程，为了实现全面安全文化的理念，业主的支持和参与就十分重要。然而，从实际来看，这项工作费钱又费力，短期看不到回报，绝大部的临时业主并不重视,而且长期以来,建筑业主对于施工安全责任界定较狭窄,使其很少涉及安全文化的建设。

2. 业主安全管理要素控制不足

主要表现在三个方面:一是招标阶段安全控制不足。安全事故与设计、施工、监理等单位的资质不够及安全管理能力不强有关。当前,工程招标程序中对安全审查无具体要求,许多业主在招标中无安全管理要求,对安全投入报价不重视,一味追求低价,并且对企业中标后安全投入无监管。二是合同文本缺乏安全条款。大多数业主与设计、施工、监理签订的合同中没有安全方面的具体条款。三是违法处罚不能落到实处。发达国家是以个人能力和资格为基础来承诺安全。例如,日本法律规定:一级建筑师可成立一级设计事务所,若因设计发生安全事故,首先处罚具有执业资格的负责人,然后才是处罚企业。反观我国,以企业资格来代替个人资格,按规定凑足和保持若干一级建造师就可办理一级施工企业,若事故发生则首先处罚企业,对具体个人处罚则滞后。违法处罚不能首先落到个人,落到实处,相关隐患依然存在,处罚不到位,直接导致责任心下降。

3. 业主安全管理环境还需改善

主要表现在三个方面:一是国家对业主安全管理监管不足。目前我国建设工程发展迅速,不少项目存在审批手续不全或未完成审批就开工的情况,工程本身不合法,更缺乏监管。与发达国家相比,我国缺乏有效技术保障,尤其政府惯于采用的运动式检查,造成安全监管时紧时松,行政部门等待上级工作安排,企业则等待行政部门的检查。这种工作惯性,使得安全管理工作无法做到长期、稳定、连续。二是安全管理的责任与义务不明确。目前,我国在安全生产管理方面的法律法规正在逐步规范完善,但与发达国家相比还存在一定差距。这些法律法规多为 1998—2004 年颁布施行,其中针对业主施工安全管理条款屈指可数,如2004 年颁布执行的《建设工程安全产生管理条例》,仅第六条至第十一条的六条内容为业主安全责任,而勘察设计、工程监理安全责任有八条,施工单位的安全责任多达十九条。相对而言,美国以《职业安全与健康法》为基本法律,形成一系列法规,这些法规均对建设各方安全责任与义务有明确及详细的规定。三是安全研究与投入相对不足。国内针对建设工程安全研究不足,全国建筑科研机构中,没有专门从事建筑工程安全研究的,使得工程项目安全管理创新落后于安全工作的需要。同时,建设工程安全投入相对不足,《企业安全生产费用提取和使用管理办法》规定:房屋建筑工程安全费用提取标准为,建筑安装工程造价的 2%。部分业主虽按国家要求投入,但对于资金的定向使用、方面监管和审计还有待加强。

8.2.2　国外业主安全管理的经验

相比我国,发达国家在土木安全工程管理方面研究较多,发展历程较长,经验较为丰富。本节分析美国、英国的业主在安全管理方面的经验。

美国是世界上法律法规相对最完善的国家之一,在工程建设安全领域,美国根据《职业安全与健康法》(OSHACT)及相关配套标准、法规,各州根据自身情况制定的安全管理标准,约束业主的安全管理行为,并通过职业安全与健康局(OSHA)下设的建筑处,进行管理、安排安全抽样检查。此外,美国政府还成立了国家安全与健康研究所,负责安全健康的研究工作,不断根据工程建设安全形式的发展,完善法律、标准和法规,形成了以严格法律法规管理为主的业主安全管理模式。在这种模式下业主的建设工程安全管理活动均在严格、细致的法律法规监督之下进行，政府相关安监部门在推动业主安全管理活动中处于主导地位，政府通过立法和相关法律规定业主在建筑施工安全管理活动需要执行的内容，并且通过依法不定期检查和评价，对业主在施工安全管理中的违规行为进行处罚，甚至进入诉讼程序等。各业主在工程安全管理中的活动接受安全监督机构的监督，随时配合检查工作，并将安全信息及时反馈给相关研究机构便于日后安全立法的修订。这种模式可以用图8-2表示。

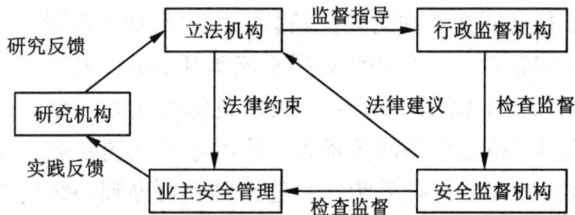

图8-2　美国管理模式

在这种管理模式下，一方面政府拥有制订和修改相关法律法规的权利，规定业主的规范行为，能够有效控制业主参与建筑施工安全管理的深度和方向，在统一的规定下实施业主安全管理，保证了整个建设工程市场中业主的安全管理参与水平。另一方面，政府虽然掌握着调控和指导业主安全管理行为的优势，但作为个体的各项目有其自身的特殊性，政府相关法律法规不可能兼顾所有信息，使得对业主安全管理的指导缺乏灵活性，同时，也压抑和制约了业主自发采取安全管理的能力。这种管理模式的弊端一是效率较低，相对于大量的建筑工程，执法检查力量比较单薄，无法体现效率；二是检查和评价缺乏比较，很多小型项目业主没有相关的检查信息，相关评价信息缺乏比较价值；三是阻碍了业主进行施工安全管理的自发性和能动性。业主难以根据自身项目特点制订有针对性的业主安全管理计划。

英国则在建筑安全管理领域一直沿袭着两大原则：一是坚持以预防为主；二是积极建设安全文化。在业主安全管理模式的建立上也是如此，英国通过安全与健康委员会（HSE），对业主参与施工安全管理进行规范，相关法律和法规（如《劳动健康安全法》（HSWAet）、《实践规范》（ACOPS）等）的制订和实施方式也主要以帮助业主预防安全事故为主，并引入安全咨询机构，为业主提出安全指导意见，协助业主建立安全文化，从而推动业主形成自发的安全管理意识，形成了以政府引导，业主自发参与为主的安全管理模式。这一模式以业主作为安全管理主体，政府相关部门或者社会团体建立安全咨询和培训机构，通过政府制订的政策引导，业主与安全咨询机构等建立合作关系，定期给业主建筑施工安全管理活动进行指导，保证业主安全管理活动适时且有效。这种合作是建立在业主、政府和相关咨询机构有着共同安全承诺的基础之上。英国的安全管理法规强调：谁造成工作中的危险，谁就要负责对工人和可能被波及的公众进行保护。这种模式可以用图8-3表示。

从根本上说，在这种管理模式下，业主和政府双方从自身利益出发而达成有益于共同的结果，业主和政府行为是相互对应的：业主通过安全咨询机构的指导和培训，使得自身的工程建设安全管理水平得到提高，从而使项目安全得到加强；政府不通过严刑来规范业主安全管理的行为，而是给业主以自觉自发管理的空间，另一方面政府制定带有激励性的政策，引导业主和安全咨询机构合作，从侧面规范业主的各种安全管理行为。正是这种参与主体间的合作共赢，使业主安全管理能够取得根本而长远的作用。

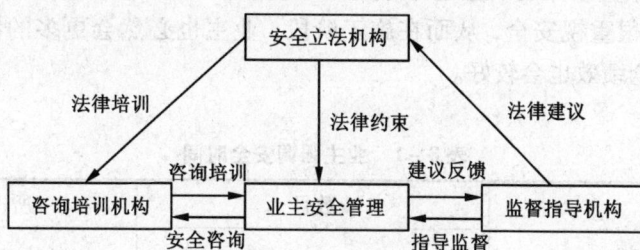

图 8-3　英国管理模式

8.2.3　业主安全管理措施

业主进行安全管理时应有一个正确的总体思路，主要目标是要减少和避免安全事故的发生，维持稳定和谐的安全生产形势，保障项目建设的顺利进行。在安全管理的各个方面，业主方具有全过程、全方位两个特点。业主安全管理不仅包括对施工单位安全生产的监督管理，还包括对监理单位安全监理工作的监督检查。另外，还包括对设备厂家、设计单位、监理单位及各施工单位之间有关安全问题的协调。从具体操作上来讲，从以下几个方面进行。

1. 前期准备阶段业主安全管理

通过施工合同的约束，安全工作才能成为建设项目的一个完整部分。例如，业主可以在合同中规定对安全的要求。在合同中，业主常常用多种方法表述自己的立场。合同语言可以为业主使项目得以安全完成的决心提供证据。同时也应当仔细地组织和修饰合同语言，使其表达的信息与业主的观念一致。业主必须仔细地评估公司希望对建筑安全承担的基本义务，并通过合同反映出来。合同应当包括下列条款：

①提交一份详细的项目安全计划；

②进行工作危害分析；

③主管人员参加定期安全会议；

④指定的专职项目安全员；

⑤强调对事故、安全视察和安全会议的报告；

⑥在安全计划中包括施工单位；

⑦遵守业主的安全指导；

⑧建立可行的员工指导计划。

业主通过安全状况筛选施工单位，在施工现场就可能实现很大的安全效益。必须认识到，筛选的过程无论是通过伤害事故发生率、EMR、安全视察记录和项目经理的安全记录还是过去的安全计划，通常都是检查过去的安全状况。虽然业主希望施工单位安全地完成待建项目，但决不能在过去情况的基础上选择了一家施工单位后，就认定项目安全一定会得到保证。

业主应尽早向施工方强调安全的重要性，这在业内已得到了广泛的认可。在对上海地区各大项目的调查中已表示出这个趋向，见表 8-1，这些项目包含范围比较广，就规模而言，既有上海国际赛车场这样的大型项目，也有一般的房地产开发项目；就建设类型而言，既有新建项目，也有改扩建项目；就专业类型而言，既有房屋建筑项目，也有市政工程项目和专业土木工程。该因素直接体现了业主对待安全的态度，业主较早地向施工方强调安全的重要性表明了业主本身很重视安全，从而在施工阶段，业主也必然会更多的参与项目的安全管理，因此项目的安全绩效也会较好。

表 8 − 1　业主强调安全时间

时间	数目	所占比例（%）
招投标之前	44	62.0
签订施工合同时	18	25.4
施工过程中	8	11.2
无特定时间	1	1.4
合计	71	100

　　业主应要求施工方对工人在上岗前进行培训。目前我国建筑业的劳务分包很多是农民工组成的施工队，对施工中的安全常识和安全规范缺乏了解。尽管有相关规定要求对所有工人进行岗前培训，但施工方做得并不好。如果业主严格要求在上岗前对工人进行培训，施工方会受到更大压力，对工人培训的力度会加大，从而项目的安全绩效也较好。

　　在安全制度管理方面，业主要求建设单位在申请施工许可证之前，应当向当地建筑工程安全监督机构提交项目安全管理方案，包括建设单位与施工单位各自的安全责任、安全生产保证体系及安全生产专项施工措施等。监理和施工单位进场前，业主应认真审查监理单位的监理规划，审查施工单位的安全管理体系、安全文明施工管理制度；要求监理、施工单位建立以本单位安全生产第一责任人为核心的分级负责的安全生产责任制，设立安全生产管理机构或配备与工程规模相适应的安全管理人员；同时还要对监理单位和施工单位重要岗位人员（总监、监理工程师、项目经理、专职安全员等）的资格证件进行动态检查，发现有不符合条件的人员，要求监理、施工单位进行更换。工程正式开工之前，业主应进行安全管理策划，制定一套适合本项目实际情况的总体安全管理制度，包括安全检查制度、安全会议制度、文明施工管理制度、安全奖罚制度等，待监理、施工单位进场后组织其进行学习，以便在施工过程中贯彻执行。

2. 施工阶段业主安全管理

　　业主在项目的施工期间积极参与安全管理，构建一个完善的安全管理体系是一个关键内容。建设项目应按照"业主领导、监理监督、施工单位各负其责"的原则构建安全管理体系，业主对整个项目安全生产工作进行综合管理和协调，监理单位对所管理的施工单位进行监督管理，从而构建"业主—监理—施工"三级安全管理体系。下面从一些具体措施上介绍业主参与施工阶段的安全管理的措施。

　　（1）业主在现场设安全管理机构和人员

　　业主在现场设置安全管理机构和人员首先表明了业主对待安全的态度：业主重视项目安全，这对促进施工方的安全意识和改善项目安全文化均会产生积极影响；其次，业主方在现场设置的安全管理机构和人员，一方面可以直接参与现场安全管理，另一方面可以监督施工方的现场安全管理，对施工方的安全管理施加必要的压力。

具体的可以采用组织成立安委会的方式，主持安委会的日常工作。安委会的主要作用是把各参建单位有机组织起来，便于进行集中和统一的管理。安委会应由业主牵头，协同监理、施工单位有关人员组成。安委会的主要任务是在业主的统一指导下，组织、协调工程安全生产工作，研究安全生产工作的重大方案和措施，协调、解决安全生产中的重大问题。安委会的工作不代替各参建单位的安全生产管理职责。业主安全管理人员的配备，一般的项目可以设兼职安全管理人员，大型项目应设专职安全管理部门或专职安全工程师，对整个工程项目安全文明施工进行综合性的管理。

（2）加强事故调查和对未然事故的管理

对已发生事故详细调查是安全管理中非常重要的一项内容，这是各方引以为戒，保证后续施工安全的重要方面。尽管所有被调查的业主都声称在一定程度上参与对现场事故的调查并且通常会保存事故记录，但事故记录的方式还是会给安全绩效带来显著的区别。经调查，业主对与之合作的所有施工方的事故都进行分别跟踪并记录时，项目的安全绩效明显要好。衡量每个施工方的安全绩效有助于在未来的项目中选择安全的施工单位；也同样有助于业主弄清楚每个施工方安全计划的缺点并且在将来加以避免。另外，研究发现，如果业主把施工方的安全数据包含到它自己的安全绩效统计中，项目也能获得更好的安全绩效。

未然事故是业主可以用于跟踪项目安全绩效的一个更积极的指标。如果业主要求施工方报告并且调查每一起未然事故，就可以在将来避免同类事故的发生，调查显示业主跟踪未然事故的项目的安全绩效明显好于业主没有跟踪未然事故的项目。根据事故致因理论，有效地控制未发生危害的事故，才能彻底减少伤亡和损失。

（3）加强主持安全会议等安全管理措施

业主主持参加项目安全会议越频繁，项目的安全绩效越好。业主主持参加项目安全会议的频率反映了业主的安全态度，安全会议越频繁，反映业主的安全态度越积极。同时，能更好地与项目进度计划相配合，及时总结前一阶段安全方面的工作，制定下一阶段安全工作的计划，从而项目的安全绩效也会比较好。其次，业主应要求施工方定期汇报项目安全情况，一方面可以敦促施工方加强自己的安全管理工作，另一方面，可以让业主比较清楚地了解项目的安全状况，能够定期总结、计划和控制，这也反映了业主在施工阶段参与项目安全管理工作的重要性。安全检查通常是每日一次，只有在现场出现了不安全因素之后检查才会发现，进而要求施工方改正。而安全会议则不同，它随着施工的进展，可以有计划对下一阶段比较危险的活动进行预警，事先采取预防措施，这样比安全检查更有预见性和针对性，从而对项目安全绩效的影响更大。若有多家施工单位，业主还可以采用定期组织安全生产评比等活动，通过绩效评价等方式激励施工单位加强安全管理。

（4）安全教育培训

新工人的入场教育和工人的安全教育是项目安全计划的核心。对现场安全事项的介绍能够有效地给新工人提供必要的安全知识，使他们安全地工作。安全培训是其他安全计划能够有效实施的基础，也是成功实施其他安全行动所必需的。例如，没有适当的安全培训，一个团队就不能有效地进行项目开始前的安全计划。同时，安全培训是一个持续进行的过程，需要管理层持续和不断地努力。有时安全培训也可以融入安全奖励措施、安全观察计划、工作安全分析、安全协调会议和其他鼓励工人参与项目安全管理。业主必须充分理解和重视提供持续培训的重要性。培训的首要目的在于帮助工人清楚地认识到什么样的行为才是安全的，并且能够逐渐养成安全的工作习惯。这对提升项目的安全文化是很重要的。

（5）建立安全奖罚机制

奖罚机制是为了安全管理工作顺利进行而采取的有效措施，其目的是为了减少事故的发生，为安全生产保驾护航。奖罚制度是安全管理工作不可缺少的一项管理制度，通过奖罚制度能有效地提高施工单位的安全意识，施工现场的安全管理工作就会得到有效的落实，这样就能大大减少安全事故的发生。在施工过程中，业主（或督促监理单位）在对施工单位安全违章现象进行处罚的同时，还应拨出一部分资金作为安全文明施工的专项基金，给予安全工作先进单位和个人奖励。对用于安全生产施工的专项经费应设立独立的资金帐户，由业主方管理，并由施工安全监督机构视各阶段施工安全评价的达标情况，分阶段拨付，确保专项费用的正常使用，避免违规挪用或不投入。

8.3 设计单位与项目安全

在很多情况下，设计师设计的方案决定了施工现场潜在的危害和安全隐患。因此，设计单位在工程安全管理工作中起到非常重要的作用。越来越多的学者已经开始提出了设计安全的观念，延伸了设计方的责任，要求设计方同样参与到安全管理中来。

8.3.1 国内设计单位安全管理存在的问题

国内管理部门积极致力于设计单位参与安全管理的研究，制定了一系列设计阶段安全管理法规。2004 年 2 月 1 日起实施的《建设工程安全生产管理条例》及 2005 年 8 月 1 日起实施的《建设项目工程总承包管理规范》（GB/T 50358—2005）都做出了基本一致的规定，即设计单位应当按照法律、法规和工程建设强制性标准进行设计，防止因设计不合理导致生产安全事故的发生，包括应注意防火防爆、施工安全措施安排的设计，提出采用新工艺、方法时的安全建议等。总的来说，以上规定要求设计单位应把施工安全贯穿于设计全过程，为施工安全创造条件。交通运输部也下发了《公路桥梁和隧道工程设计安全风险评估指南（试行）》，要求从 2010 年 9 月 1 日起公路桥梁和隧道工程在初步设计阶段实行安全风险评估制，拟通过实行情况对指南进行修订和完善。

上述规范标准虽然对设计单位的安全责任进行了一定程度的规定和明确，但是并未从过程管理角度做出结构性的规范要求，对于勘察设计阶段如何将施工安全风险纳入考量没有进行系统分析和明确。虽然规定有设计单位对于施工安全的责任，但缺乏细致可行的执行方案，致使规划设计单位未能将规划设计与施工安全从整体上加以考虑。因此，如何在规划设计阶段对建设工程的经济性、景观性、施工性和结构安全性等设计进行考虑，紧随发达国家及我国香港和台湾地区的发展步伐，将施工安全风险融入规划设计过程，成为一项非常必要的战略性措施。

8.3.2 国外设计单位参与安全管理的经验

目前在发达国家，建设工程安全设计的概念使用比较普遍，特别是英联邦国家和欧盟国家，已将设计人员对施工现场的安全责任具体细化并写入相关法律。以安全事故发生率较低的英国为例，在 1994 年颁布了《工作安全与健康管理条例》（CDM），此条例考虑了雇主、计划总监、设计师和施工方应承担的责任和义务，并对影响项目的各个方面，从项目立项到交付使用的各个阶段，详细阐述了各方具体责任和义务。其中，设计师的责任是必须尽最大努力，最大限度地减少、避免和消灭建设过程中可能的风险，在项目形成前阶段要编制《安全与健康计划》，内容包括对总施工方的安全与计划方针的要求。澳大利亚从 20 世纪 90 年代起，就从职业健康安全角度说明安全设计的原则，以及如何在设计实践中落实风险管理，还推出了用于设计、施工和维修各阶段的风险评估工具"椅子"（CHAIR）和"门"（DOOR）。美国职业安全与健康管理局（OSHA）也对设计中应注意的问题做了规定：在设计过程中避免或者减少危害，警惕危害的产生，在确定存在危害的地方给出警示，提供具体的安全施工程序或者安全培训方案，建议适当的个人保护措施。我国香港和台湾地区也积极效仿英国推行建筑设计及管理，其理念是于设计阶段便开始识别施工阶段的安全风险，并由建筑师综合考虑施工安全措施的合理性和完整性，从而能够减少和消除日后施工的风险及危害。

8.3.3　设计单位参与的安全管理措施

1. 安全的设计

由于在传统的观念上，设计人员不需要在设计中考虑工人安全的问题，所以要对这种观念通过教育培训的方式加以改变。设计单位应对设计人员进行定期和不定期的安全教育和培训，同时相关部门应建立指导方针，并建立设计单位与施工单位关于安全方面的交流平台，使设计人员了解施工中存在的各种危害，增加其安全知识，提高其安全意识，并在方案设计时考虑施工的难度、施工条件、技术措施；对施工风险较大的部位，应参与编制施工安全的实施细则或安全监测系统的设计。另外，设计人员必须学习通过设计决策帮助改善建筑安全的各种方式。

实践中，在设计人员和施工人员共同努力下，逐步总结出了一些设计经验和方法。具体的以美国关于女儿墙的设计为例，在《统一建筑规范》（UBC）中，女儿墙的高度为 77 cm 高，而职业安全与健康管理局（OSHA）将其设定为 107 cm，后者得到了更多人的认可。原因在于设计中 77 cm 的女儿墙需要建筑工人在其上面建造一个附加的防护栏，施工中增加了安全隐患，而且加高的女儿墙也让维护人员减少了处于危险状态的可能性。类似的安全设计理念和方法在这里列出一部分：

①在建造工业厂房时应尽量使用预制构件，以减少工人高坠和受下落物体打击的可能性。

②设计有宽阔侧通道的路面，以便工人和设备的调动，并使工人和移动的车辆隔离。

③以最小的深度设计沟渠，尽量以随挖随填的安装方法代替开挖隧道。

④设计柱的时候在楼板平面以上 1.2 m 处设预埋件，以支撑防护栏杆，并且为安全带提供一个联结点，以降低成本及减少危险，促进安全。

⑤在建筑物的南面安置室外楼梯，以防止由于积冰以及在背阴处生成的苔藓造成的打滑危险。

⑥对于路面设计，通过改善初始的项目标准延长项目维护寿命周期，以减少维护次数从而减少工人遭遇车祸的危险。

⑦研究项目工地的历史和任何建造过程中用到的新型材料的背景，应使合同文件包括所

有的相关信息并通知施工方，使其注意识别危险材料和危险情况。

⑧对于复杂或者少见的设计，设计人员应让施工方提交施工顺序计划，以便通过实现计划施工工作，使建筑工人的安全状况得到改善。

2. 建立合适的工作机制和安全设计量化指标体系

目前，设计单位的工作基本是围绕建筑设计或结构安全设计展开的。因此，要推行安全设计，目前的工作机制必然要重新设计，最终实现建筑设计、结构安全设计与施工安全设计的融合。新的工作机制应该保证设计单位及其设计人员在设计过程中注意以下问题：

①提醒业主重视其有关安全生产责任。

②树立风险意识，时刻警惕危害的产生。

③在设计的过程中，充分考虑建筑物或构筑物建设、维护和拆除时，可能衍生的危害和风险。

④运用有关规避安全风险的原则去设计，以达到合理和务实的要求。

⑤如果规避风险不可行时，应采取措施降低风险程度。

⑥如果规避风险或降低风险至可以接受的程度等方法均不可行时，应考虑采用劳动保护的方法。

⑦在确认存在危害或容易产生危害的地方给出警示。

⑧提供具体的安全施工程序或安全培训方案。

⑨提供适当的个人保护措施方案。

建立安全设计量化指标体系的目的就是衡量设计单位的安全设计成果。安全设计量化指标体系应该包括事前、事中、事后三个环节。事前环节就是衡量设计单位及设计人员在安全设计开始之前的准备工作是否充分，是否结合工程实际，比如：设计功能需求分析，建筑场址（包括建筑场址的地形、地势、气象、障碍物、土地利用、施工条件、相邻工程等）调查分析，建筑场址本质危害辨识与预防，残留风险程度分析等。事中环节就是衡量设计单位整个安全设计流程是否形成系统，是否遵循计划—设计—查核—行动的原则，是否提供有关指导性规范等，比如：设计方案安全审核，设计成果评估，残留风险安全对策，施工方案安全评估，安全设施配置，安全规范及预算编制等。事后环节就是衡量设计单位对安全设计执行情况的检讨，比如：跟踪安全设计执行，发现问题，及时解决；工程完工后，对整个安全设计做一个检讨，为以后的安全设计积累经验。

8.4 监理单位与项目安全

工程监理是受建设单位或其他单位的委托，按照合同的约定完成授权范围内的工作和任务。因为监理单位是对施工全过程进行监理的，对安全工作也应进行监理。并且由于安全工作的重要性，安全监理是建设监理的一个非常重要的组成部分。

8.4.1 国内监理单位安全管理存在的问题

1. 工程监理体制不健全

在我国实行市场经济后，我国的工程建设监理市场应该实行公平竞争机制。而在目前，工程建设监理行业在地方受保护主义、行业垄断及部门封锁情况较为严重，很难形成公平竞争、规范有序的市场体系，进而影响工程建设监理企业的发展壮大。同时，我国交通部、建设部、水利部都有资格颁发个人从业资格证，但是他们之间是不相互认可的，这就造成工程建设监理单位只有在申请了不同资质之后才有资格跨行业承接项目，不仅导致人才的分割，同时也对企业的做大做强起到了阻碍作用。另外，受地方保护主义政策，建设项目的工程建设监理的招投标工作往往停留于形式，所有工程建设监理项目都被当地的监理企业所垄断。地方保护已经严重阻碍了我国工程建设监理行业的健康发展。

在工程建设项目中，要求监理工程师必须以独立、客观、科学、公正的态度去实行自己的权利，完成建设单位所给予的工作任务。但是，在我国，建设单位权利独大，甚至可能不顾科学性，擅自变更工程设计，压缩施工工期，进而减少投资，这些行为都将严重影响工程建设监理工程师的独立性。虽然我国已经在工程建设领域推行建设项目法人制，但是，大部分的建设单位都是国有资产的经营者和管理者，在我国目前法律缺乏对建设单位行为约束的条件下，更是增长了建设单位的一方独大情况，进而导致工程建设监理工程师的独立性得不到保证。

2. 监理市场不规范

工程监理咨询行业是市场经济发展所产生的，我国工程监理制度在我国由计划经济转向市场经济的过程中，由于政府的强制性推动，工程建设监理制度在建立之初取得了长足的发展，一批具有专业化、社会化的监理工程师随之产生。但是，由于工程监理制度的强制推行对市场的供求关系进行了扭曲，我国大多数工程建设监理单位仍然停留在初期阶段重复发展，没有形成具有国际竞争力的大型工程建设项目管理公司。

由于行业垄断、地方保护主义现象屡见不鲜，已经干预到工程建设监理的招投标，进而使工程建设监理市场难以保证公平、公正、公开的市场竞争机制；工程建设监理行业中可能的存在通过不正当关系承接项目对监理市场正常竞争机制起到了破坏作用。

3. 监理企业整体水平低下

在我国，工程建设监理企业的综合素质普遍偏低，主要表现在如下几个方面：

监理企业大部分是由大型企业集团的子公司、政府主管部门成立的公司及科研、设计单位自行成立的公司组成。此外，还有部分由社会人士成立的监理公司，实行的是传统的国有企业模式，绝大部分存在运行机制不灵活，分配不合理等状况，职工的贡献与收入不挂钩，难以调动职工的积极性，严重限制了企业的后续发展。

监理行业作为一个咨询行业，要胜任此工作，从业人员需要有较高的学历、学识水平并兼有丰富的工程实践经验。在国外，监理人员被称之为高智能人才，如德国的克伯康恩系统工程公司，监理人员有50%拥有博士学位；美国的兰德公司，博士、硕士学位人员占监理人员总数达70%以上；由此可以看出，发达国家在监理行业的从业人员必须拥有较强的技术能力，管理水平及良好的执业水平。随着我国经济的发展，工程建设监理队伍也取得了较快的发展，我国工程建设监理行业人才与发达国家相比，仍存在不少问题：在我国监理行业工作的人员素质较低，现代工程项目管理知识水平、方法相对缺乏，相应的法律法规知识相对薄弱，综合组织能力、协调管理能力、现场应变组织能力仍然不足，这与我国工程建设监理的要求还存在不小的差距；工程建设监理单位要求总监对工程技术、现场管理、相关法律法规、组织协调能力的要求较高，在我国，总监能力还满足不了当前工程所需监理素质的要求，进而造成总监到位情况不理想，其素质与质量制约了我国工程建设监理水平的提高。同时，目前从事工程建设监理工作的监理人员大部分是建设单位的退休人员或是刚毕业的大学生，对监理人员要求集技术与管理的复合型人才的差距不小，这些人员在现场施工经验相对缺乏，年龄结构发生两极分化。

8.4.2 国外监理单位安全管理的经验

相比我国，发达国家在土木工程安全管理方面研究较多，发展历程较长，经验较为丰富。本节分析德国、美国、英国的监理单位在安全管理方面的经验。

1. 德国

20世纪60年代，德国的国民经济得到长足发展，大型土木工程项目开始兴建。由于工程建设项目的规模宏大，施工工艺技术相当复杂，因此，工程建设咨询管理公司就孕育而生，其工程项目管理为PM模式，当时只服务于工程建设项目施工阶段。到了70年代末期，工程建设项目管理公司的工程项目咨询服务涉及到工程建设项目的设计、施工到工程完工后的使用整个过程。工程建设项目管理公司所提供的项目管理服务是多种形式的，包括建筑结构设计咨询服务事务所、工程建设项目咨询公司、工程建设项目管理事务所、建筑师事务所、机电与设备专业设计咨询服务公司等，工程建设项目管理公司是由上述事务所或是咨询公司中的建筑工程师与结构工程师所组成的专门为工程建设项目提供咨询管理服务的公司。在德国，建筑工程师与结构工程师不仅在对工程设计十分了解，并且对施工现场组织管理及合同管理也相当熟悉。

建设单位可以完全按照自己的意愿对工程建设项目委托哪个项目管理公司进行管理，建设单位与工程建设项目管理公司进行谈判，成功后即可签订有效合同协议，工程建设项目管理公司完全是依靠市场的业绩、单位员工的素质、及在市场的信誉获得项目单，因此，从事工程建设项目管理工作的人员的个人素质必须过硬，包括：教育水平、工作技能、实践能力、处事水平等。这是工程建设项目管理公司在市场竞争中取得胜利的根本。政府对工程建设项目管理公司的资质不做任何的要求，企业的生存与发展全靠自身在市场竞争中去谋取，因此，在德国，工程建设项目管理公司规模一般都较小，有的甚至只有几名咨询工程师，较大的也就是70~80人。

2. 美国

美国负责工程建设监理的公司包括工程建设咨询公司、顾问公司和工程建设监理公司。国家政府对工程建设单位的资质不进行管理，建设单位根据自己的意愿与工程建设监理单位签订合作协议。工程建设监理公司主要负责对施工现场的监督管理及组织协调，工程建设咨询公司主要负责工程建设的可行性研究、工程设计咨询和施工组织计划的制定。工程建设监理对整个工程建设项目的管理是全方位的，从技术服务、现场监管、到工程效益的控制。建设单位授权和委托工程建设监理公司，监理工程师在工作中行使手中的权利进行监督管理。工程建设监理单位与施工单位是监理与被监理的关系，施工单位只有在监理工程师下发的各项指令下才能进行工作，如：开工令、停工令、复工令等，这些由监理工程师所签发的指令具有法律效应，工程建设施工单位必须要严格执行。在工程竣工后，需经工程建设监理单位进行现场验收、工程资料审核和费用结算，当工程建设项目经检验合格后，办理工程竣工移交手续，标志着整个工程的完工。

3.英国

英国的项目管理是由皇家建筑学会编制的施工规程,对某个工程建设项目从开始到其结束的整个过程进行总体规划、协调及控制,进而满足投资方的要求,同时,在规定的投资范围内,能够在保证质量标准的前提下按期完成工程。其工程项目管理称之为 PM 模式,当 PM 人员完全代表投资方进行工作安排时,则需要编制工程建设项目大纲来完成拟建项目的工程实施计划和目标。

工程建设项目在施工过程中,英国采用的是 CM 模式,工程建设项目管理公司受建设单位委托,其代表的是建设单位的利益,对在建工程建设项目进行项目管理,一般工程建设项目管理公司在拟建工程设计阶段就与建设单位签订协议合同,为建设单位提供咨询服务,当设计阶段完成后,工程建设项目管理公司则进入施工现场对施工单位进行进行监督管理。在施工阶段的整个过程,工程建设项目管理公司对整个工程项目进行全面的组织协调及质量控制工作。

在英国,工程建设项目管理公司为社会提供工程项目咨询服务,英国的 PM 执业资格最高级别为五级,而现场管理的执业资格级别为四级,现场监督的执业资格级别为三级,这是基于相关行业特征和工程监理人员的实践能力来制定的标准,也是国家对个人工作能力水平考核的标准依据。在英国,对工程建设项目管理公司没有资质要求,只对参与工程建设项目管理公司的工作人员的能力有规定。

8.4.3　监理单位安全管理的措施

①经济措施。对未按照规定使用安全文明施工措施费用的,总监应在工程结算支付确认时予以注明并扣除,并向建设单位报告。

②及时下达监理通知和整改通知。对违反有关建筑施工强制性标准、设计文件、安全施工方案、安全施工操作规程及有"三违"行为的应及时下达书面通知,责令施工单位及时改正。

③建立报审制度。在关键部位及关键施工工序施工前应及时向监理机构报审专项安全施工方案、安全技术措施及施工计划。

④完善监理例会。将安全生产作为例会的主要内容之一,利用监理例会加强各方的安全意识及协调工作,统一认识,了解施工单位安全生产管理及实施情况,通报施工现场不安全因素及其整改的有关情况,研究解决问题。对安全隐患及安全问题,严格要求按有关规定及时整改。

⑤认真编写安全监理月报。每月月底编写安全监理月报并送达建设单位。通过监理月报向建设单位汇报和反映现场安全生产的情况,存在的安全问题和隐患及其处理情况,监理人员所做的工作及采取的措施,对建设单位的建议和请求。

⑥下达暂停施工令。发现严重违规操作和存在严重事故隐患时,由总监下达暂停施工令,要求施工单位立即进行整改,并报告建设单位及监理总部;施工单位拒不整改或不停止施工的应及时向监理总部、建设单位和工程所在建设行政主管部门(安全监督机构)报告。

⑦总监不在场时暂停令的下达。现场监理人员及使用电话等形式向项目总监和建设单位汇报,可以直接口头下达暂停令,再由总监追补书面暂停令。

⑧参与或配合事故的调查和处理。

8.5 施工单位与工程项目安全

施工单位作为建设项目的施工方,通常分为总承包、专业承包及劳务分包,他们都是建设项目的实际修建者,也是安全管理的直接责任人。作为施工阶段的主体,施工单位的各种行为都将直接反映到建筑安全管理的最终结果上:是否建立有效的安全管理机制、对安全管理的态度、是否保证安全管理所需的资金及人员(包括长期投入及每个建设项目的投入)、是否采取适当的保护措施及施工工艺、是否注重安全文化及生产员工的培训等。当然,施工单位的这些行为很大因素下会受到其他方面的影响,例如政府是否构建良好的宏观环境以便让安全管理与施工单位的自身利益相结合、业主对安全管理的态度等。但不可否认的是,施工单位作为建筑生产的最直接执行者,在建筑安全管理中起着最为直观的作用。

8.5.1 国内施工单位安全管理存在的问题

根据事故致因理论,安全问题主要由施工单位的管理方法不当所影响,如图 8-4 所示。具体分析,有以下几个方面。

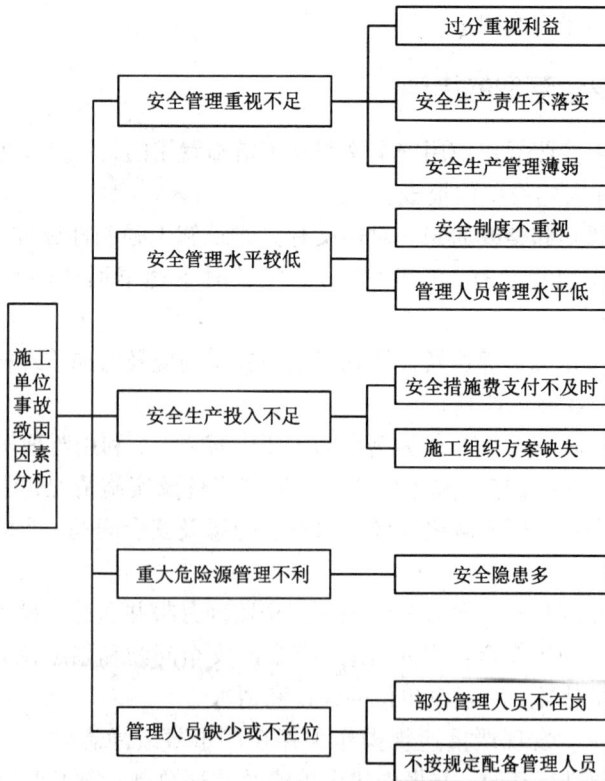

图 8-4 工程项目施工单位安全管理存在的问题

1. 安全管理重视不足

一些建筑企业的相关领导过于侧重成本,他们把经济效益放在了首位,重点强调企业的发展与生存,以经济效益的增长为根本目标,忽视了安全管理工作的重要性,安全思想意识没有端正,对安全生产存在侥幸心理。他们缺少安全生产意识,抓安全生产形式主义严重。在目前激烈的建筑市场竞争中,一些建筑施工单位的负责人还是不能树立安全第一的发展理念,不能看到安全生产带给企业的隐形效益,安全管理工作流于形式。

安全生产责任制不落实。目前,大部分施工单位的安全生产责任制、安全操作规程和安全管理制度都已经建立完毕,但在实际的生产工作中这些规章制度和流程都没有得以贯彻落实。安全生产责任制不落实导致有些企业根本没有真正意义上的安全生产责任感;很多企业安全管理人员对具体的安全管理工作敷衍塞责,在一些建筑转包工程和挂靠过程中,承包企业往往只是收取管理费,而对现场的安全管理不管不顾。

2. 安全管理水平较低

目前,我国一些资质等级高的建筑企业已转变成管理型的企业,这些企业内部没有相应的劳务施工队伍。在工程中标后,他们就会把相关工程分包给相关的专业队伍,现场管理人员只有少数为本公司人员,以承包代管理,对施工过程中存在的安全问题缺乏有效的监督。同时,在很多施工单位的安全生产管理工作中存在过于侧重实际经验的情况,施工现场过于注重安全检查这种单一手段而没有从预防的角度出发,没有从消除安全隐患的源头入手加强安全管理,难以有效地预防各类随机事故的发生。目前,有的施工企业虽然按要求成立了安全管理机构、建立了安全生产各项制度,但是没有真正把安全机构、专职管理人员及其制度落到实处。安全生产规章制度虽然有,但是制度实际执行起来往往很难,形同虚设。一些施工单位的负责人、分管安全生产的负责人和工程的项目经理对于自身的安全生产职责不清晰,对安全生产依然重视程度不够,只在项目发生了事故时,有主管部门来检查的时候才进行突击整改,做表面文章,应付调查和检查,检查完毕后又恢复原状。同时,不少施工企业缺少优秀称职的安全技术管理人员,施工企业整体安全技术管理水平还较低,尤其在施工组织设计和专项施工方案的编制、审批方面所存在的问题比较突出。

3. 安全生产投入不足

施工单位过度逐利,安全生产投入不足,未按规定配备劳动防护用品,现场防护因陋就简是导致各类不安全状态的重要因素。同时由于市场竞争激烈,施工单位处于产业链的相对末端,部分施工单位为抢占市场不惜低价中标,施工中必然通过各种手段压榨利润空间,降低安全投入。应注意的是,不同专业分包利润空间存在较大差别,如根据统计局数据,专业承包公司人均利润率(1.10 万元/人)仍高于总包商(0.70 万元/人),施工单位利润空间不足并非绝对。安全措施费支付不及时、拖欠工程款、违法分包、分包挂靠、层层分包等问题突出,也导致实际安全投入困难。

4. 重大危险源管理不利

重大危险源是指容易发生重大安全事故且事故损失巨大的关键部位或薄弱环节,如在此类部位、环节发生事故,则为群死群伤且社会影响较大的安全事故。从近年事故统计来看,起重机械、高大模板、超高脚手架、深基坑作业等易出现重大事故,造成的伤亡人数较多。目前在施工现场,重大危险源工程施工前,部分施工单位在施工前未编制或未认真编制安全专项方案,不少专项方案照抄《标准》和《规范》,个别企业甚至套用类似工程的施工组织设计或专项方案，造成矛盾重重，漏洞百出，不能起到指导现场安全施工的作用。超过一定规模的危险性较大工程需要做专家论证的不组织专家论证。危险源作业时缺乏有效地监管和指导，作业人员违章行为较多，安全隐患较大。

8.5.2 国外施工单位安全管理的经验

相比我国，发达国家在土木工程安全管理方面研究较多，发展历程较长，经验较为丰富。本节分析美国、英国、日本的施工单位在安全管理方面的经验。

1. 美国

美国是世界经济最发达的国家之一，高峰时建筑业从业人员超 800 万人。2000—2007 年美国建筑业从业人数、死亡人数及每十万人死亡率统计，如表 8-2、图 8-6 所示。可以看出，2004 年建筑业死亡人数累计达 1234 人，占所有生产性行业死亡总人数的 22%，而同期建筑业从业人数只占到所有生产性行业从业人数的 7%。美国是最早进行建筑业施工安全管理研究的国家之一，20 世纪 90 年代末，美国职业安全与健康局（Occupational Safety and Health Administration，OSHA）积极推动建筑业主参与施工现场安全管理，尽管建筑业死亡绝对人数在某些年份有所波动，但从 2000 年起每十万人死亡率呈逐年下降趋势，说明建筑业的安全有好转的趋势，其中建筑业死亡人数 2005 年比 2004 年降低了 5%，2006 年比 2005 年降低了 2%。2008 年美国 OSHA 又提出的建筑安全重点工作计划中就包括业主和施工人员一起定期检查施工工作场所，为业主和施工人员提供培训教育，促进他们遵守 OSHA 标准等。

表 8-2 2000—2007 年美国建筑业从业人数、死亡人数和每十万人死亡率表

年份	2000	2001	2002	2003	2004	2005	2006	2007
从业人数（千人）	6639	6853	6617	8114	8522	9145	9710	9302
死亡人数（人）	1230	1207	1181	1131	1234	1186	1226	1178
死亡率（人/10 万人）	18.5	17.6	17.8	13.9	14.5	13.0	12.6	12.7

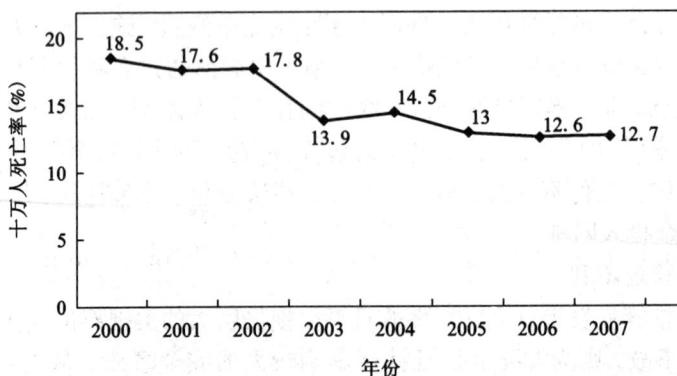

图 8-5 2000—2007 年美国建筑业每十万人死亡率折线图

2. 英国

英国是开展建筑业主施工安全管理活动较早的国家之一，在英国健康与安全委员会（Health and Safety Commission，HSC）以及英国健康与安全执行局（Health and Safety Executive，HSE）以 1999/2000 年度的数据为基准，提出的 2001 年英国职业安全与健康工作行动要点中强调：通过向业主说明良好的健康安全制度对产业带来的好处，以更大程度调动其积极性，促进和扩展职业健康工作的覆盖面。其中 44 项行动要点中，第 19～21 项专门针对建筑业，第 19 项特别指出"在建筑业即将开始的新业主宪章运动中包含健康与安全方面的目标，以提升行业健康安全标准"，第 21 项指出"HSE 将编写指南，为政府部门和其他公共机构参与的工程项目上更好地遵守相关健康安全标准提供指导"。

2000 年，英国生产型行业十万人中死亡率仅为 0.8%，而建筑行业十万人死亡率为 4.2%。此外，建筑业事故也带来巨大损失。据统计，英国因建筑业事故而造成的直接和间接损失达到项目总成本的 8.5%。通过实施以上提到的行动要点，推动业主的安全管理参与，根据 HSE 统计的 2000—2007 年建筑业年度职业伤害情况（如图 8－6 所示），2001 年以后英国建筑业年死亡人数和十万人死亡率均呈现总体下降趋势。

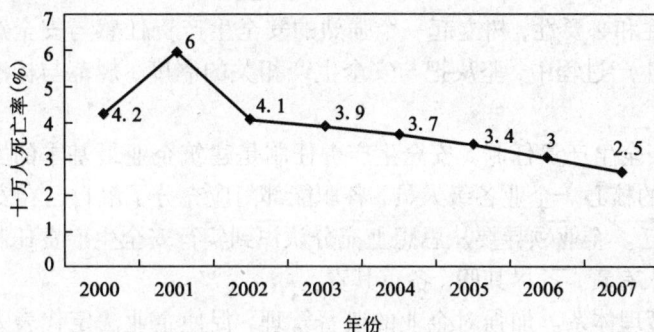

图 8－6　2000—2007 年英国建筑业每十万人死亡率折线图

3. 日本

20 世纪 60 年代，日本建筑业死亡人数占生产性行业死亡总人数 50% 以上，每年的死亡事故约有 2400 起，经过安全立法和 40 多年努力，建筑业安全取得显著进步，事故死亡人数逐年下降，到 2002 年建筑生产事故降到 600 起以内，绝对数量仅为 40 年前的 40%。2003 年以后，事故死亡人数稳中有降，如表 8－3 所示，在建筑业安全健康协会的倡导下，日本于本世纪初开始推动业主参与施工安全管理，施工现场推行业主方和施工单位各负其责的全面安全管理体系，虽然建筑业的死亡人数与同行业同期相比仍然较高，但 2003 年以后，施工事故死亡人数呈现明显下降趋势，说明业主参与施工安全管理对改善日本建筑施工现场安全状况起到一定作用。

国外施工安全管理经验表明，科学的安全标准和切实的安全检查、培训制度是施工安全的有效保障，而业主的积极参与则在保障安全投入，增强安全意识，完善安全管理制度方面有积极的推动作用。

表 8-3　2000—2005 年日本建筑业死亡人数、所占比例及日均死亡人数表

年份	建筑业死亡人数(人)	占所有生产性行业死亡人数比例(%)	日均死亡人数(人/天)
2003	548	33.7	1.50
2004	524	33.2	1.43
2005	498	32.8	1.36
2006	476	31.9	1.28
2007	469	30.2	1.16

8.5.3　施工单位参与的安全管理措施

1. 提高领导者安全生产意识

(1)强化对建筑企业法人和主管安全领导的安全培训。通过培训和教育让企业的主要领导提高安全生产的认识，更加深刻的理解安全生产的方针、政策，让他们从自身思想根源上，对安全生产的管理工作有一个更明确的认识。从思想上充分认识和理解安全生产管理对企业、对员工的重要性和必要性，树立起一个强烈的安全生产责任感与安全意识，把安全意识带进整个建筑施工生产过程中，坚决把与安全生产相关的制度、规范与标准，贯彻与落实到实处。

(2)严格落实安全生产责任制。安全生产责任制是建筑企业最基本的安全管理制度，是企业安全生产管理的核心。企业各级人员，各职能部门应充分了解自己在安全生产方面应做的工作及应负的责任。企业领导要从思想上充分认识到实行安全生产责任制的必要性。真正做到安全生产，人人有责，各尽其职，各负其责。

(3)健全安全管理体系。加强对企业的监督管理，促使企业法定代表人、企业主管安全生产经理、安全科长、项目经理、安全员从思想上充分认识到搞好安全生产工作的重要性和必要性并落实在行动中，是开展安全工作的前提，不论公司层面还是项目层面，都必须首先建立健全安全管理的体系，才能有效的开展工作。

(4)落实领导带班制度。施工企业负责人或主管安全生产的负责人要定期在施工现场亲自带班检查，检查中组织项目部对现场的安全生产状况进行全面检查，并督查施工单位项目经理、安全员等相关管理人员是否履行安全生产职责，发现作业人员违章时要及时制止，对易发生隐患的部位，危险性较大的分部分项工程，要组织人员重点巡查，加强预防及时将安全隐患消除在萌芽中，监督检查公司、项目部的安全生产规章制度是否严格落实，发现安全隐患要及时组织整改，发生事故时要亲自指挥，协调，严格落实施工企业负责人安全生产责任制。

2. 加强管理人员管理

(1)强化项目经理的安全教育培训，让项目经理深刻理解要对安全生产负全面的责任和意识。项目经理本人必须有较强的安全责任意识，能够牢固树立安全第一的思想，真正做到管生产必须管安全。项目部各级管理人员要以安全管理第一责任人为核心，分担各级管理工作，将安全生产责任制落到实处。其次，要坚持全员、全过程及全方位管理。安全管理并不只是少数人和机构的事情，需要大家同心协力，共同参与。只有充分发挥广大职工的积极

性、主动性和创造性，才能更好的实现安全管理目标。

（2）依据建设部文件要求切实落实项目经理带班制度。项目经理严禁管理多个工程项目，只能对一个项目工程进行管理，禁止挂证不在岗，坚持带班生产，每月带班生产时间不得少于本月施工时间的 80%。因事确需暂时离开工作岗位必须向业主单位提交申请，开具请假条，业主同意批准后才可暂离。项目经理请假期间应委托工程项目的其他相关负责人代替行使项目经理职责。项目经理带班生产时应全面负责现场的安全生产，加强对重大危险源的巡查和管理，重点组织跟踪检查危险性较大的分项工程，在进行下一道工序前，依据安全专项方案和专家论证报告，组织全面检查和验收，严禁违章指挥。可采用指纹考勤系统加强项目经理的带班在岗管理。

（3）施工项目应按照建设部的要求，配备齐全现场安全管理人员。工程项目专职安全生产管理人员应协助项目负责人做好工程项目安全生产管理工作，坚持在岗在位。做好施工企业负责人带班检查及项目负责人带班生产记录；对安全生产进行现场监督检查，重点监督检查危险性较大的工程，重视重大危险源管理，依据工程建设标准进行检查，发现重大安全隐患时应立即停止作业并及时向项目负责人和安全生产管理机构报告；及时制止和纠正违章作业，依法报告生产安全事故情况。

（4）为了减少安全管理人员的流动性，工程项目施工过程中不得随意更换施工现场安全管理人员。因特殊情况需更换的，应经建设单位及监理单位同意，并报当地建设行政主管部门备案。拟更换人员的执业资格、业绩和质量安全管理能力应不低于原岗位人员并与拟承担工程项目的规模相匹配。

3. 改变落后管理模式

（1）健全安全组织机构和人员。一方面公司内部要设立安全部门，配足专职安全管理人员负责日常安全生产工作管理监督和落实等；另一方面在项目上应根据规模配备相应数量和素质的专职安全人员，负责工人入场安全教育，负责监督、检查、指导项目的安全生产执行情况；负责查处施工现场安全生产中的违章、违规行为。在组织机构健全，安全管理制度完善的同时，把施工安全生产目标和责任进行层层分解，一层抓一层，层层抓落实。

（2）健全落实安全规章制度。安全规章制度是安全管理的一项重要内容，俗话说，没有规矩不成方圆。施工企业或者项目部安全制度的制定依据应符合安全法律和行业规定，制度应内容齐全、针对性强，公司的安全生产制度应该贴近实际让职工体会并理解透彻。一套合理、完善、具有可操作性的管理制度，有利于规范公司和项目的安全管理行为，减少或杜绝安全事故的发生。

（3）推进安全总监垂直监管制度，提升监管能力。建议施工企业实行项目安全总监垂直监管制，项目安全总监（主管）受公司委派对项目实施过程安全监管。有权对现场存在的重大安全隐患和反复违章行为下达处罚通知单和局部停工令并对项目各级管理人员的安全生产责任制落实情况进行监督考核。

（4）侧重安全生产管理的责任制模式，摒弃"经验型"与"事后型"的管理模式，充分预防安全事故。将安全生产责任制真正落实到项目部各级管理人员以及一线作业员工身上，坚持安全第一，预防为主的理念。坚持安全管理重在预防，加强对违章作业人员的查处。

4. 加强建筑企业安全投入

建筑施工企业应针对本工程的施工特点，加大对安全生产措施费用的投入，切不可为了节省资金，使用低价、劣质的安全产品。在施工现场的各个部位和各个环节，都要加大安全投入。如在施工现场的临边、洞口搭设标准的防护栏杆，为施工现场临时用电系统配置合格、安全的总配电箱、分配电箱、开关箱且搭设防护棚。对于重大危险源需要做专家论证和进行评估的费用也要积极落实到位。配备、维护、保养应急救援器材、设备支出和应急演练支出。配备和更新现场作业人员的安全帽、安全带等安全防护用品，过期的要及时进行更换，使用国家认定的、阻燃的、目数达标的安全密目网。还要增加安全生产的宣传、教育、培训支出。用以提高作业过程中的安全生产条件，减少事故发生的概率。施工单位在施工过程中，应对安全措费的使用情况进行动态管理，认真总结，确保安全生产投入到最有效果的地方，切实起到加强安全生产的作用。不可在施工未完成的条件下，为了节省资金和租金，提前拆除安全防护产品（如脚手架、密目网、楼梯防护等）。在申报安监手续时，应依据相关法律法规，缴纳足额的安全生产措施费用。

5. 抓好重大危险源监管

建筑施工现场重大危险源是建筑施工现场造成群死群伤事故的根源，只有抓好建筑施工现场重大危险源管理，才能避免群死群伤等重大安全事故的发生。因此，安全工作的首要目标应该是控制危险源。危险源控制到位，事故发生地概率也将降到最低，即使万一发生事故，也可以把伤害和损失降低到较轻的程度。

（1）建筑施工单位必须准确及时地对危险源进行识别和分类，对重大危险源备案且登记台账。

（2）施工、监理单位对建筑施工现场重大危险源要动态监控，随时掌握危险源的情况，发现问题立即进行处理，重点做好安全防护，加强巡查和监控，把隐患消除在萌芽之中。

（3）施工企业在危险源作业前和作业完毕后要及时告知监理单位和建设安全监督机构，这样监理单位和建设安全监督机构就可以准确了解当地建设施工现场重大危险源的动态分布情况，对重大危险源加强监管。

（4）施工项目部要严格按照《建设工程安全生产管理条例》（国务院令第393号）和《危险性较大的分部分项工程安全管理办法》（建质〔2009〕87号）有关要求，在办理安全监督手续时，须提供超过一定规模的危险性较大的分部分项工程清单和安全管理措施。在建设过程中，新增超过一定规模的危险性较大的分部分项工程，应该向属地建设安全监督机构提供新增清单和安全管理措施，确保重大危险源在可控状态。

6. 强化重点部位专项整治

结合建筑施工伤亡事故主要集中在高处坠落、施工坊塌、物体打击、机具伤害、触电的特点，应定期开展施工企业、在建工程项目部、施工班组安全检查工作。严查安全隐患及存在的问题，针对电梯井口、通道口、楼梯口、预留洞口、阳台临边等危险部位做好安全防护措施，预防安全事故发生。尤其是要对深基坑、高大模板、脚手架、建筑起重机械设备等重点部位和环节进行重点检查和治理。

重点与难点

1. 全员参与的安全管理的内涵。
2. 教学难点为如何实现全员参与的安全管理。

思考与练习

1. 全员参与安全管理的概念是什么？其意义何在？
2. 简要列举业主、设计、施工、监理单位参与安全管理的措施。

参考文献

[1] 郑晓燕, 胡白香. 新编土木工程概论[M]. 中国建材工业出版社, 2007.

[2] 刘瑛. 土木工程概论[M]. 化学工业出版社, 2005.

[3] 刘俊玲, 庄丽. 土木工程概论[M]. 机械工业出版社, 2009.

[4] 崔京浩. 土木工程——一个平实而又重要的学科[J]. 工程力学, 2007, 24(z1).

[5] 刘志刚, 谭复兴. 城市轨道交通安全工程概论[M]. 中国铁道出版社, 2010.

[6] 金龙哲, 宋存义. 安全科学技术发展现状分析[J]. 2000, 10(1): 212-217.

[7] 吴宗之. 中国安全科学技术发展回顾与展望[J]. 中国安全科学学报, 2000, 10(1): 1-5.

[8] 成虎, 章蓓蓓, 雒燕. 工程全寿命期设计流程和准则研究[J]. 东南大学学报: 哲学社会科学版, 2010, 12(1): 21-24.

[9] 张强. 四论我国建筑安全生产法规体系(一). 我国建筑安全生产法规体系的基本情况和发展沿革[J]. 建筑安全, 2006, 21(8): 42-45.

[10] 赵挺生, 葛莉. 工程安全与防灾减灾[M]. 武汉: 华中科技大学出版社, 2008.

[11] 唐源, 张飞涟, 曾雄. 我国土木工程安全法律法规体系的现状分析[J]. 长沙铁道学院学报: 社会科学版, 2012, 13(4): 17-19.

[12] 方东平, 黄吉欣, 张剑. 建筑安全监督与管理: 国内外的实践与进展[M]. 北京: 中国水利水电出版社, 2005.

[13] 官善友, 廖建生. 工程勘察行业现状和发展对策[J]. 城市勘测, 2010, (2): 160-163.

[14] 张德明. 论岩土工程勘察中的目前现状[J]. 建材与装饰(下旬刊), 2008, (7).

[15] 蒋欣. 工程设计管理和现场管理存在的问题及对策[J]. 新疆社科论坛, 1998, (4).

[16] 张雪然. 建设工程设计合同中存在的问题及解决对策探究[J]. 世界华商经济年鉴·城乡建设, 2013, (3).

[17] 刘宁. 建筑施工中的安全管理与安全控制[J]. 河南建材, 2013, (1).

[18] 方东平. 工程建设安全管理. 中国水利水电出版社/知识产权出版, 2005

[19] 乐云. 工程项目管理. 武汉大学出版社, 2009

[20] 陆小华. 土木工程事故案例. 武汉大学出版社, 2009

[21] 谢征勋. 工程事故分析与工程安全. 北京大学出版社, 2006

[22] 王欣, 赵挺生, 丁丽萍. 业主建筑施工安全管理模式探讨[J]. 华中科技大学学报(城市科学版), 2010, (3).

[23] 王欣. 建筑业主施工安全管理模式研究[D]. 华中科技大学, 2013.

[24] 李陶然. 多方参与的建筑安全管理体系研究[D]. 重庆大学, 2011.

[25] 张明轩, 高全臣, 张东雷. 工程监理的安全责任研究[J]. 中国安全科学学报, 2007, (2).

[26] 靳旭辉. 谁应承担建筑工程的质量责任——浅谈建筑工程质量责任在施工单位内部的落实[J]. 建筑遗产, 2013, (8).

[27] 周君. 建筑设计师及设计单位的法律责任研究[D]. 暨南大学, 2008.